建筑施工特种作业人员安全技术培训教材

施工升降机安装拆卸工

黑龙江省建设安全协会 主编

中国建材工业出版社
北　京

图书在版编目(CIP)数据

施工升降机安装拆卸工/黑龙江省建设安全协会主编. --北京：中国建材工业出版社，2024.5

建筑施工特种作业人员安全技术培训教材

ISBN 978-7-5160-3992-2

Ⅰ.①施… Ⅱ.①黑… Ⅲ.①升降机－装配（机械）－安全培训－教材　Ⅳ.①TH211.08

中国国家版本馆 CIP 数据核字（2024）第 011328 号

施工升降机安装拆卸工
SHIGONG SHENGJIANGJI ANZHUANG CHAIXIEGONG
黑龙江省建设安全协会　主编

出版发行：中国建材工业出版社
地　　址：北京市西城区白纸坊东街 2 号院 6 号楼
邮　　编：100054
经　　销：全国各地新华书店
印　　刷：北京雁林吉兆印刷有限公司
开　　本：850mm×1168mm　1/32
印　　张：6.5
字　　数：160 千字
版　　次：2024 年 5 月第 1 版
印　　次：2024 年 5 月第 1 次
定　　价：33.00 元

本社网址：www.jccbs.com，微信公众号：zgjcgycbs
请选用正版图书，采购、销售盗版图书属违法行为
版权专有，盗版必究。本社法律顾问：北京天驰君泰律师事务所，张杰律师
举报信箱：zhangjie@tiantailaw.com　举报电话：(010) 63567684
本书如有印装质量问题，由我社事业发展中心负责调换，联系电话：(010) 63567692

《建筑施工特种作业人员安全技术培训教材》编审委员会

主　　　任：高起生

副　主　任：李守志　于海洋

编委会成员：（按姓氏笔画排序）

　　　　　　丁延生　马洪艳　王　成　王　君
　　　　　　王劲松　申惠中　白　皛　宁　超
　　　　　　冯梓洌　乔红东　刘　波　孙艳红
　　　　　　李宏伟　吴国冻　邱　冬　张国飞
　　　　　　张佳奇　陈世明　赵　川　赵　蕊
　　　　　　高文龙　唐文林　唐家如　曹　博
　　　　　　梁永贵　滕莉莉　鞠浩杨　魏振宇

《施工升降机安装拆卸工》编写组

主　　编：陈世明

编写成员：申惠中　于寿亮　王　洋　王　成
　　　　　任晓臣　张　宇　马洪滨　吴国冻
　　　　　石常乐　周　伟　翟羽佳

序　言

　　建筑施工特种作业危险性大，如操作不当或失误，易对操作者本人、他人及设备、设施造成重大损害，甚至导致人身伤亡事故。加强建筑施工特种作业人员的专业培训教育，提高其技能水平，对于防止和减少生产安全事故，保障建筑施工安全生产具有重大意义。

　　本书编写人员主要依据《建筑施工特种作业人员管理规定》（建质〔2008〕75号）、《关于建筑施工特种作业人员考核工作的实施意见》（建办质〔2008〕41号），按照建筑施工特种作业人员分类和《建筑施工特种作业人员安全技术考核大纲》（试行），根据住房城乡建设部公告2021年第214号《房屋建筑和市政基础设施工程危及生产安全施工工艺、设备和材料淘汰目录（第一批）》的规定，以及建筑施工特种设备实际使用情况，遵循符合实际、注重实效的原则，编写了10本系列教材。其中，《特种作业安全生产基本知识》是综合性教材，适用于所有的建筑施工特种作业人员；其余9本为专业性用书，分别适用于建筑电工、普通脚手架架子工、附着式升降脚手架架子工、建筑起重司索信号工、塔式起重机司机、施工升降机司机、塔式起重机安装拆卸工、施工升降机安装拆卸工、高处作业吊篮安装拆卸工。

　　本系列教材主要用于建筑施工特种作业人员的业务培训和指导考核，也可作为专业院校和有关培训机构的建筑施工安全教学用书。本书虽经反复推敲，仍难免有不妥之处，敬请广大读者提出宝贵意见。

本系列教材主编单位： 黑龙江省建设安全协会
本系列教材参编单位： 中建三局集团有限公司
中建铁路投资建设集团有限公司
中建铁投轨道交通建设有限公司
中建铁投科技工程有限公司
中建六局水利水电建设集团有限公司
中国建筑第八工程局有限公司
黑龙江省黑建一建筑工程有限责任公司
哈尔滨哈飞建筑安装工程有限责任公司
华润置地（哈尔滨）房地产开发有限公司
哈尔滨万科企业有限公司
深圳（哈尔滨）产业园投资开发有限公司
黑龙江中阳建设工程监理有限公司

编审委员会
2023 年 4 月

前 言

为了提高建筑施工特种作业人员的安全生产知识水平，增强安全生产意识和自我保护能力，确保取得建筑施工特种作业操作资格证书的人员具备独立从事相应特种作业的工作能力，本书编写团队根据《特种作业人员安全技术培训教材编写方案》的要求，编写了《施工升降机安装拆卸工》一书。

施工升降机安装拆卸工作为施工特种作业人员中的一个重要成员，在工作中从事着可能造成重大安全事故的操作。因此，结合其工作的特殊性，在编写本教材时，充分研究了建筑施工特种作业人员的岗位责任、文化水平、理解能力和接受能力，本着"深入浅出、图文并茂、指导实践"的原则，突出了专业性、针对性、时效性、实用性和知识性。本书分上篇和下篇，包括施工升降机概述，施工升降机的安装与拆卸，施工升降机检查、维修和保养，施工升降机调试和常见故障的判断与处置，施工升降机安装、拆卸中常见事故原因及预防措施，施工升降机安装、拆卸的安全操作规程，施工升降机安装、拆卸前的检查和准备，施工升降机主要零部件的性能及可靠性的判定，施工升降机防坠安全器动作后的检查与复位处理方法，施工升降机紧急情况处置方法，共十章内容。

由于编写时间仓促，编者水平有限，书中难免存在疏漏和不足，敬请读者指正。

编 者
2022 年 4 月

目 录

上篇 专业技术理论

第一章 施工升降机概述 ………………………………… 3

    第一节 施工升降机型号及分类 …………………… 3

    第二节 施工升降机的基本技术参数 ……………… 7

    第三节 施工升降机的基本构造和工作原理 ……… 7

    第四节 施工升降机安全保护装置的构造、

            工作原理 …………………………………… 51

第二章 施工升降机的安装与拆卸 …………………… 80

    第一节 施工升降机安装与拆卸的基本规定 ……… 80

    第二节 施工升降机的安装 ………………………… 82

    第三节 施工升降机的拆卸 ………………………… 131

第三章 施工升降机检查、维修和保养 ……………… 134

    第一节 施工升降机检查、维修和保养的意义 …… 134

    第二节 施工升降机检查、维修和保养的方法 …… 135

    第三节 施工升降机检查、维修和保养的内容 …… 136

    第四节 施工升降机检查、维修和保养的

            安全注意事项 ……………………………… 141

第四章　施工升降机调试和常见故障的判断与处置 ············ 143

第一节　机械系统的常见故障及处理方法············ 143
第二节　电气系统的常见故障与处理方法············ 145
第三节　施工升降机主要零部件的技术要求和报废标准············ 148

第五章　施工升降机安装、拆卸中常见事故原因及预防措施············ 155

第一节　施工升降机安装、拆卸事故的类型及主要原因············ 155
第二节　施工升降机安装、拆卸事故的预防措施············ 156
第三节　施工升降机安装、拆卸事故案例分析 ········ 158

下篇　安全操作技能

第六章　施工升降机安装、拆卸的安全操作规程············ 169

第七章　施工升降机安装、拆卸前的检查和准备············ 172

第一节　施工升降机安装与拆卸的基本条件············ 172
第二节　施工升降机安装拆卸专项施工方案············ 174
第三节　施工升降机安装拆卸前的安全技术交底······ 175
第四节　施工升降机安装前的检查············ 176
第五节　施工升降机拆卸前的检查和注意事项········ 177

第八章 施工升降机主要零部件的性能及可靠性的判定……178

第一节 易损件更换……178
第二节 电磁盘式制动器的保养……179
第三节 主要零部件的更换……181

第九章 施工升降机防坠安全器动作后的检查与复位处理方法……185

第一节 重要说明……185
第二节 安全器使用要求……185
第三节 坠落试验……186
第四节 安全器检查……187
第五节 安全器动作后的复位……187

第十章 施工升降机紧急情况处置方法……189

第一节 吊笼运行时施工现场突然断电的应急处理……189
第二节 吊笼在高处静止时自行下滑的应急处理……190
第三节 吊笼发生火灾的应急处理……191

参考文献……192

上 篇
专业技术理论

第一章 施工升降机概述

第一节 施工升降机型号及分类

施工升降机是动力驱动的、临时安装的由建设施工工地人员使用的带有吊笼并可在各层站停靠的机械。

一、施工升降机的型号

施工升降机的型号由组、型、特性、主参数和变型更新等代号组成。型号编制方法如图 1-1 所示：

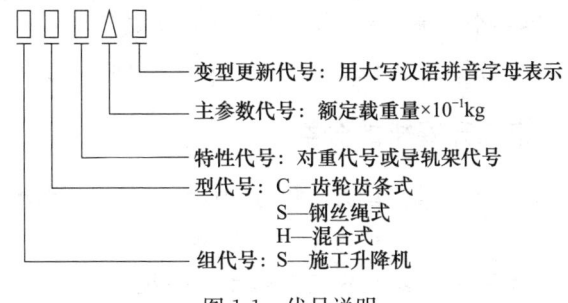

图 1-1 代号说明

（一）主参数代号

单吊笼施工升降机标注一个数值，双吊笼施工升降机标注两个数值，用符号"/"分开，每个数值均为一个吊笼的额定载质量代号。对于 SH 型施工升降机，前者为齿轮齿条传动吊笼的额定载质量代号，后者为钢丝绳提升吊笼的额定载质量代号。

(二) 特性代号

特性代号是表示施工升降机两个主要特性的符号。

1. 对重代号

有对重时标注 D，无对重时省略。

2. 导轨架代号

对于 SC 型施工升降机：三角形截面标注 T，矩形或片式截面省略，倾斜式或曲线式导轨架则不论何种截面均标注 Q。对于 SS 型施工升降机：导轨架为两柱时标注 E，单柱导轨架内包容时标注 B，不包容时省略。

(三) 标记示例

1. 齿轮齿条式施工升降机，双吊笼有对重，一个吊笼的额定载质量为 2000kg，另一个吊笼的额定载质量为 2500kg，导轨架横截面为矩形，表示为：施工升降机 SCD200/250 (GB/T 10054)。

2. 钢丝绳式施工升降机，单柱导轨架横截面为矩形，导轨架内包容一个吊笼，额定载质量为 3200kg，第一次变型更新，表示为：施工升降机 SSB320A (GB/T 10054)。

二、施工升降机的分类

施工升降机按其传动方式可分为齿轮齿条式、钢丝绳式和混合式三种。

(一) 齿轮齿条式人货两用施工升降机

该施工升降机的传动方式为齿轮齿条式，动力驱动装置均通过平面包络环面蜗杆减速器带动小齿轮转动，再由传动小齿轮和导轨架上的齿条啮合，通过小齿轮的转动使吊笼升降，每个吊笼上均装有渐进式防坠安全器。按驱动传动方式的不同目前有普通双驱动或三驱动方式、变频调速驱动方式、液压传动驱动方式；按导轨架结构形式的不同有直立式、倾斜式、曲线式。

1. 普通施工升降机

普通施工升降机是采用专用双驱动或齿轮齿条三驱动电机作为动力，其起升速度一般在 36m/min。采用双驱动的施工升降机通常带有对重，其导轨架由标准节通过高强度螺栓连接组装而成的直立结构方式。在建筑施工中广泛使用。

2. 液压施工升降机

液压施工升降机由于采用了液压传动驱动并实现无级调速，启动制动平稳和运行高速。驱动机构通过电机带动柱塞泵产生高压油液，再由高压油液驱使油马达运转，并通过蜗轮减速器及驱动小齿轮实现吊笼的上下运行。但由于噪声大、成本高，目前几乎不使用。

3. 变频调速施工升降机

变频调速施工升降机由于采用了变频调速技术，具有手控有级变速和无级变速，其调速性能更优于液压施工升降机，启动制动更平稳，噪声更小。其工作原理是电源通过变频调速器改变进入电动机的电源频率以达到电动机变速。变频调速施工升降机的最大提升高度可达 450m 以上，最大起升速度达 96m/min。由于良好的调速性能、较大的提升高度，故在高层、超高层建筑中得到广泛的应用。

4. 倾斜式施工升降机

倾斜式施工升降机是根据特殊形状的建筑物的施工需要而产生的，其吊笼在运行过程中始终保持垂直状态，导轨架按建筑物的需要倾斜安装，吊笼的两受力立柱与吊笼框制作成倾斜形式，其倾斜度与导轨架一致。由于吊笼的两立柱、导轨架、齿条与吊笼都有一个倾斜度，故三台驱动装置布置形式呈阶梯状。导轨架轴线与垂直线夹角一般不大于 11°。倾斜式施工升降机与直立式施工升降机在设计与制造上的主要区别是导轨架的倾斜度由底座的形式和附墙架的长短决定。附墙架设有长度调节装置，以便在安装中调节附墙架的长短，保证导轨架的倾斜度和直线度。

5. 曲线式施工升降机

曲线式施工升降机无对重，导轨架采用矩形截面或片状方式通过附墙架或直接与建筑物内外壁面进行直线、斜线和曲线架设。该机型主要应用于以电厂冷却塔为代表的曲线外形的建筑物施工中。曲线式施工升降机在设计与制作上有以下特点：

（1）吊笼采用下固定铰点或中固定铰点，设置有强制式自动调平与手动调平两种制式调平机构，可使吊笼在作多种曲线运行时始终保持垂直。

（2）吊笼与驱动装置采用拖式铰接连接，驱动装置采用全浮动机构，使曲线式施工升降机能适应更大的倾角和曲率。

（3）齿轮齿条传动实现小折线近似多种曲线的特殊结构设计，保证传动机构能够平稳可靠地运行。

（二）钢丝绳式施工升降机

钢丝绳式施工升降机是采用钢丝绳提升的施工升降机，可分为人货两用和货用施工升降机两种类型。

1. 人货两用施工升降机

人货两用施工升降机是用于运载人员和货物的施工升降机，它是由提升钢丝绳通过导轨架顶上的导向滑轮，用设置在地面上的曳引机（卷扬机）使吊笼沿导轨架作上下运动的一种施工升降机。该机型每个吊笼设有防坠和限速双重功能的防坠安全装置，当吊笼超速下行或其悬挂装置断裂时，该装置能将吊笼制停并保持静止状态。

2. 货用施工升降机

货用施工升降机是只用于运载货物，禁止运载人员的施工升降机。提升钢丝绳通过导轨架顶上的导向滑轮，用设置在地面上的卷扬机（曳引机）使吊笼沿导轨架作上下运动的一种施工升降机。该机设有断绳保护装置，当吊笼提升钢丝绳松绳或断裂时，该装置能制停带有额定载质量的吊笼且不造成结构严重损害。对于额定提升速度大于 0.85m/s 的升降机安装有非瞬时式防坠安全装置。

（三）混合式施工升降机

该机型为一个吊笼采用齿轮齿条传动；另一个吊笼采用钢丝绳提升的施工升降机。目前在建筑施工中很少使用。

第二节　施工升降机的基本技术参数

一、额定载质量：吊笼运载的最大载荷。

二、额定速度：吊笼运行最大速度。

三、最大允许独立高度：吊笼无侧面附着时，能保证施工升降机作业的最大架设高度。

四、最大提升高度：导轨架有附着的最大提升高度。

五、导轨架顶端自由高度：最上面一道附墙以上导轨架的悬高。

六、附着间距：附墙架之间的间距距离。

七、附着中心距：导轨架中心至建筑物附着面的距离。

八、驱动系统功率。

九、供电电压/频率。

十、吊笼尺寸：由于工地情况特殊，常规吊笼尺寸并不一定能满足使用要求，存在进行非标设计的情况。同时，吊笼门结构形式也存在定制化要求。

十一、基础尺寸：大小与吊笼尺寸及吊笼是否带司机室等有关。

十二、附墙架的受力：应对附着点的墙体或梁、柱子进行受力的校核，以确保其附着的安全、可靠。

第三节　施工升降机的基本构造和工作原理

施工升降机是由金属结构（导轨架、附墙架、吊笼、底架、防护围栏和层门等）、传动机构（电动机、蜗轮减速机箱、齿轮、齿条、钢丝绳及配重等）、安全装置（防坠安全器、制动器、起重量限制器、限位器、行程开关及缓冲器）和控制系统（操作装置、电缆等）四部分组成。施工升降机（电缆卷筒式）如图1-2所示。

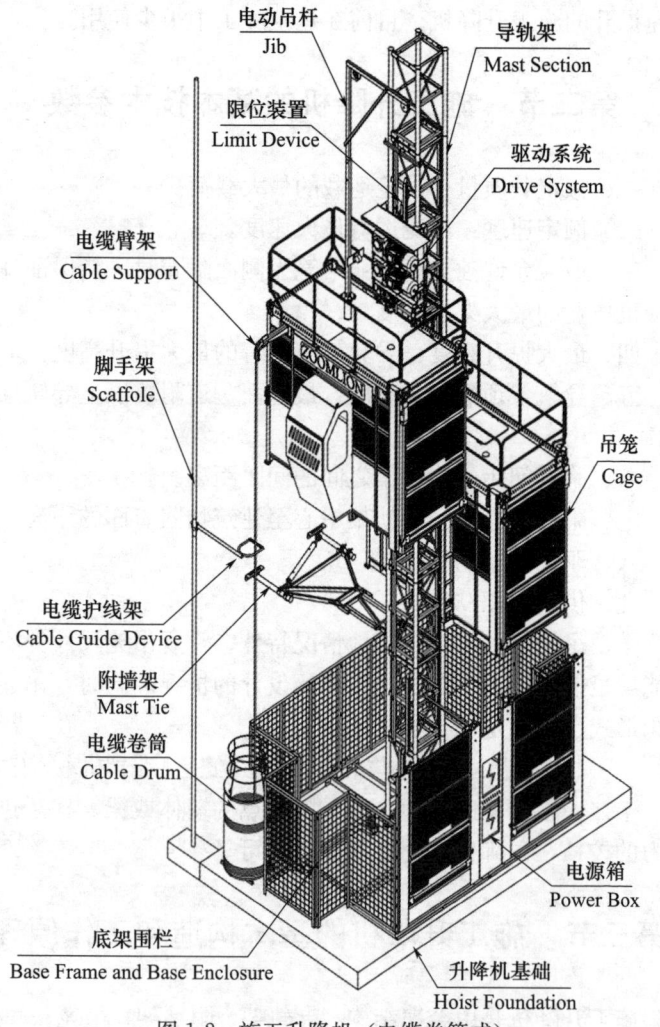

图1-2 施工升降机（电缆卷筒式）

一、施工升降机的金属结构

(一) 导轨架

1. 导轨架的作用

施工升降机的导轨架是用以支承和引导吊笼、对重等装置运行的金属构架,它是施工升降机的主体结构之一。由于其主要作用是支承吊笼、荷载以及平衡重,并对吊笼运行进行垂直导向,因此,导轨架必须垂直并有足够的强度和刚度(图1-3)。

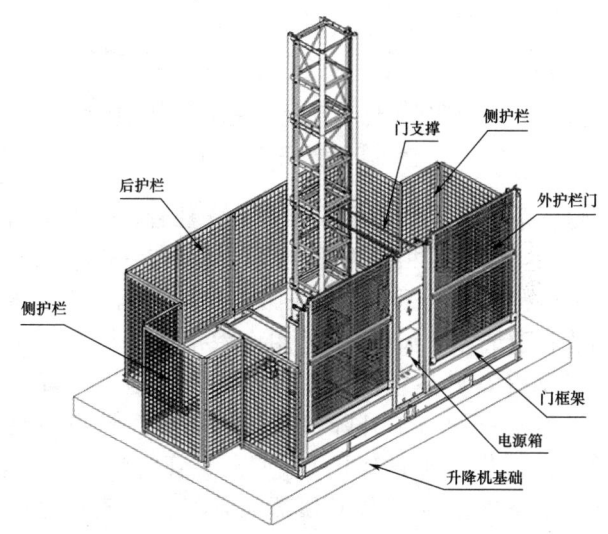

图1-3 施工升降机金属结构

施工升降机的导轨架是由标准节通过高强度螺栓连接组装而成。标准节是组成导轨架的可以互换的构件,标准节及其连接均需可靠。

2. 标准节的结构与种类

标准节的截面一般有方形、三角形等,常用的是方形。标准节示意图如图1-4所示。

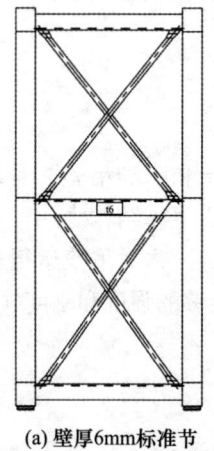 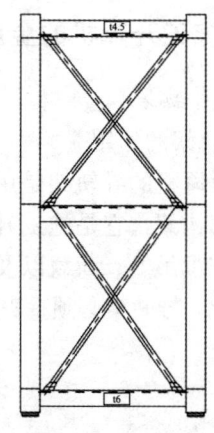

(a) 壁厚6mm标准节　　　　(b) 壁厚4.5~6mm标准节

图1-4　标准节示意图

齿轮齿条式施工升降机标准节由立柱管、框架和对重轨道组焊而成，装有一根或两根齿条，标准节一般为1508mm高的方形格构柱架（注：一是不带对重时，无对重轨道；二是基础节和顶节不含齿条），并用内六角螺栓把两根符合要求的齿条垂直安装在立柱的左右两侧作为施工升降机传递力矩用。有对重的施工升降机在立柱前后焊接或组装有对重的导轨，每节标准节上下两端四角立管内侧配有4个孔，用来连接上下两节标准节或顶部天轮架。吊笼是通过齿轮齿条啮合传递力矩实现上下运行的，齿轮齿条的啮合精度直接影响到吊笼运行的平稳性及可靠性。为了确保其安装精度，齿条的安装除用高强度螺栓固定外，还在齿条两端配有定位销孔，标准节立管的两端设有定位孔，以确保导轨的平直度。

3. 导轨架与标准节的安装质量要求

（1）SC型施工升降机的导轨架在安装和使用时其轴心线对底座水平基准面的垂直度偏差应符合表1-1的规定。

表 1-1 安装垂直度偏差

导轨架架设高度 h (m)	$h \leqslant 70$	$70 < h \leqslant 100$	$100 < h \leqslant 150$	$150 < h \leqslant 200$	$h > 200$
垂直度偏差 (mm)	不大于导轨架架设高度的 1/1000	$\leqslant 70$	$\leqslant 90$	$\leqslant 110$	$\leqslant 130$

（2）标准节拼接时，相邻标准节的立柱结合面对接应平直，相互错位形成的阶差应限制在：

1）吊笼导轨不大于 0.8mm；

2）对重导轨不大于 0.5mm。

（3）标准节上的齿条连接应牢固，相邻两齿条的对接处，沿齿高方向的阶差不应大于 0.3mm，沿长度方向的齿距偏差不应大于 0.6mm。

（4）当立管壁厚减少到出厂厚度的 25% 时，标准节应予以报废。

（5）当一台施工升降机使用的标准节有不同的立管壁厚时，标准节应有标识，因此在安装使用前把相同类型的标准节堆放归类，并严格按使用说明书或安装手册规定依次加节安装。

（6）SS 型施工升降机导轨架轴心线对底座水平基准面的安装垂直度偏差不应大于导轨架高度的 1.5%。

（7）SS 型施工升降机导轨接点截面相互错位形成的阶差不大于 1.5mm。

（8）导轨架与标准节及其附件应保持完整完好。

4. 限位挡板

（1）限位挡板是触发安全开关的金属构件，一般安装在导轨架上，升降机在运行或安全装置动作而触发安全开关时，应能使升降机停止运行，避免发生安全事故。

(2) 限位挡板的安装位置要求：
1) 限位挡板应完好、安装牢固。
2) 当额定提升速度小于 0.8m/s 时，上限位开关挡板安装位置应距导轨架顶部安全距离不小于 1.8m。
3) 当额定提升速度大于或等于 0.8m/s 时，上限位开关挡板安装位置距导轨架顶部安全距离应满足公式的计算值。

$$L=1.8+0.1v^2$$

式中 L——上部安全距离（m）；
v——提升速度（m/s）。

4) 下限位开关挡板的安装位置应保证吊笼以额定载质量下降时，触板触发该开关使吊笼制停，此时触板离下极限开关还应有一定行程。
5) 在正常工作状态下，上极限开关挡板的安装位置应保证上极限与上限位之间的越程距离为：
SS 型施工升降机：0.5m；
SC 型施工升降机：0.15m。
6) 在正常工作状态下，下极限开关挡板的安装位置应保证吊笼碰到缓冲器之前下极限开关应首先动作。

（二）附墙架

1. 附墙架的作用

附墙架是按一定间距连接导轨架与建筑物或其他固定结构，用以支撑导轨架的构件。当导轨架高度超过最大独立高度时施工升降机应架设附着装置。

2. 附墙架的种类

附墙架一般可分为直接附墙架和间接附墙架。直接附墙时，附墙架的一端用 U 形螺栓和标准节的框架连接，另一端和建筑物连接以保持其稳定性，如图 1-5 所示。

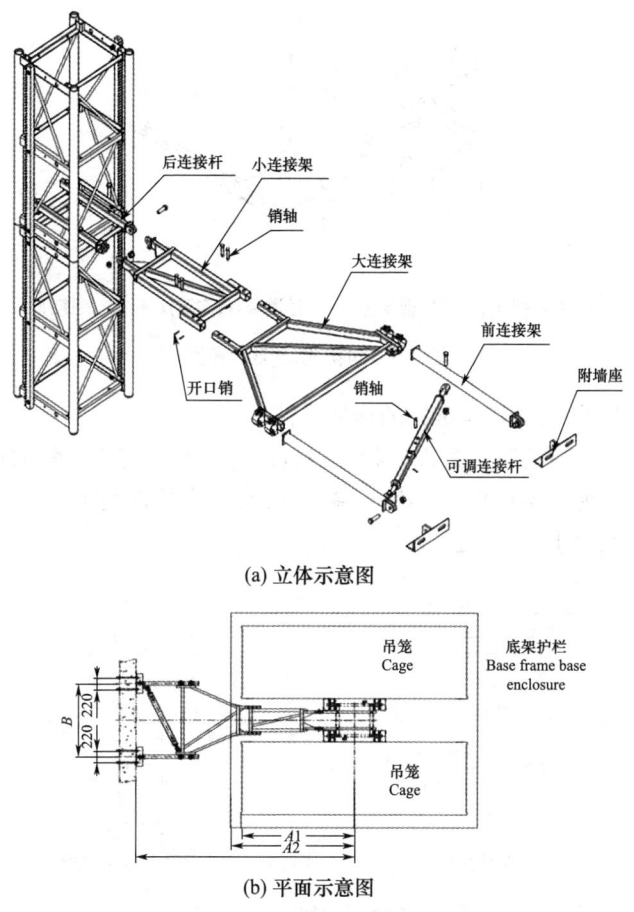

(a) 立体示意图

(b) 平面示意图

图 1-5 直接附墙架示意图

间接附墙时，附墙架的一端用 U 形螺栓和标准节的框架连接，另一端两个扣环扣在两根导柱管上，同时用过桥连杆把四根过道竖杆（立管）连接起来，在过桥连杆和建筑物之间用斜支撑等连接成一体。通过调节附墙架可以调整导轨架的垂直度，如图 1-6 所示。

13

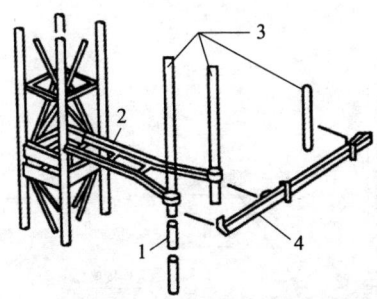

1—立杆接头；2—短前支撑；3—过道竖杆(立管)；4—过桥连杆

图 1-6　间接附墙架示意图

3. 附墙架与建筑物的连接方法

根据建筑物的条件、相对位置决定附墙架与建筑物的连接方法，附墙架连接不得使用膨胀螺栓。连接件与墙的连接方式，如图 1-7 所示。

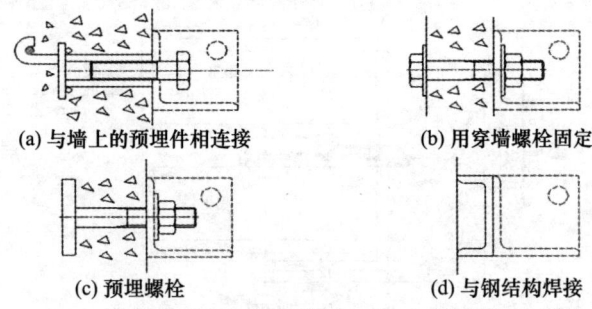

(a) 与墙上的预埋件相连接　　(b) 用穿墙螺栓固定

(c) 预埋螺栓　　(d) 与钢结构焊接

图 1-7　附墙架与建筑物的连接方法

4. 附墙架的安装质量要求

（1）导轨架的高度超过最大独立高度时应设置附墙装置。

（2）附墙架的附着间隔应符合使用说明书要求。施工升降机运动部件与除登机平台以外的建筑物和固定施工设备之间的距离不应小于 0.2m。

（3）附墙架的结构与零部件应完整和完好。

第一章 施工升降机概述

（4）调节附墙架的丝杆或调节孔，使导轨架的垂直度符合标准。

（5）附墙架应保持水平位置，由于建筑物条件影响，其最大水平倾角应控制在不大于8°以内。

（6）连接螺栓为不低于8.8级的高强度螺栓，其紧固件的表面不得有锈斑、碰撞凹坑和裂纹等缺陷。

（三）吊笼

吊笼是施工升降机用来运载人员或货物的笼形部件以及用来运载物料的带有侧护栏的平台或斗状容器的总称。一般是用型钢、钢板和钢板网等焊接而成。前后有进出口和门，一侧装有驾驶室，主要操作开关均设置在驾驶室内。吊笼上安装了导向滚轮沿导轨架行驶。

1. 吊笼的构造

施工升降机的吊笼一般由型钢组成矩形框架，四周封有钢丝网片或金属板，底部铺设木板或钢板，如图1-8所示。吊笼外形尺寸一般为长3m、宽1.5m、高2.6m，一端是一扇配有平衡重块的单行门，并能自己平衡定位；另一端是一扇卸料用的双行门，载人吊笼门框的净高度至少为2.0m，净宽度至少为0.6m。门应能完全遮蔽开口。吊笼示意图如图1-8所示。

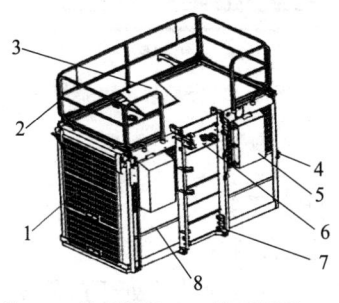

1—单开门；2—笼顶栏杆；3—笼顶翻板门；4—双开门；
5—电控箱；6—安全板；7—导向滚轮；8—笼体

图1-8 吊笼示意图

15

吊笼门装有机械锁钩，保证在运行时不会自动打开，同时还设有电气安全开关，当门未完全关闭时能有效切断控制回路电源，使吊笼停止或无法启动。

在吊笼的顶部设有紧急逃离出口，出口的面积不小于 0.4m×0.6m，紧急逃离出口上装有向外开启的天窗盖，抵达天窗的梯子应始终置于吊笼内。紧急逃离门上还装有电气安全开关联锁，当门未锁紧时吊笼应停止或无法启动。

载人的吊笼应封顶，笼内净高度不应小于 2m。吊笼顶部设有天窗和作为安装、拆卸、维修的平台及防护围栏，护栏的上扶手应不低于 1.1m；中间增设横杆，踢脚板高度不小于 150mm，护栏与顶板边缘的距离不应大于 200mm。

为保证吊笼在导轨架上顺畅运行，吊笼上装有两组滚轮装置，并通过滚轮装置套合在导轨架上，如图 1-9 所示。在吊笼的两根主立柱上还安装了两对防止吊笼倾翻的安全钩。

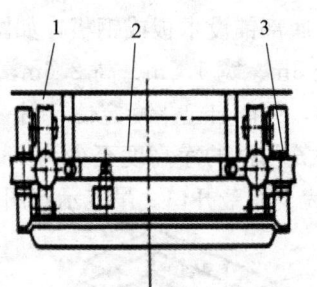

1—正压轮；2—导轨架；3—侧滚轮

图 1-9 滚轮装置

2. 吊笼的安全技术要求

（1）吊笼应有足够刚性的导向装置，以防止脱落和卡住。

（2）吊笼上最高一对安全钩应处于最低驱动齿轮之下。

（3）吊笼上的安全装置和各类保护措施不仅在正常工作时起作用，在安装、拆卸、维护时也应起作用。

(4) 吊笼的司机室应有良好的视野和足够的空间。

(5) 吊笼底板应能防滑、排水，在 0.1m×0.1m 区域内能承受静载 1.5kN 或额定载质量的 25%（取两者中的较大值，但不大于 3kN）而无永久变形。

(6) 吊笼门应装机械锁钩，以保证运行时不会自动打开。

(7) 应有防止吊笼驶出导轨的措施。

(8) 吊笼门应设有电气安全开关。当门未完全关闭时，该开关应有效切断控制回路电源，使吊笼停止或无法启动。

(四) 底架、防护围栏与层门

1. 底架

底架是安装施工升降机导轨架及围栏等构件的机架，如图 1-10 所示。底架应能承受施工升降机作用在其上的所有荷载，并能有效地将荷载传递到其支承件基础表面。

1—底盘；2—缓冲装置

图 1-10 底架示意图

2. 地面防护围栏

(1) 地面防护围栏的作用

施工升降机的地面防护围栏是地面上包围吊笼的防护围栏，其主要作用是防止吊笼离开基础平台后人或物进入基础平台。

(2) 地面防护围栏的构造

防护围栏主要由围栏门框、接长墙板、侧墙板、后墙板和围栏门等组成。墙板的底部固定在基础预埋件或连接在基础底架上，前后墙板由可调螺杆与导轨架连接，可调整门框和墙板垂直度。围栏门框上还装有围栏门的对重和对重装置以及围栏门的机电联锁装置。

(3) 地面防护围栏的要求

1) 施工升降机的地面防护围栏设置高度应不低于 2m，并应围成一周，围栏登机门的开启高度不应低于 2m。

2) 对重应置于地面防护围栏之内。

3) SS 型货用施工升降机地面防护围栏的设置高度应不小于 1.5m，围栏登机门的开启高度也不应低于 1.8m。

4) 围栏登机门应具有电气安全开关和机械锁，只有在围栏登机门关好后施工升降机才能启动；吊笼位于底部规定位置时围栏登机门才能开启。

5) 防护围栏的结构和零部件应保持完整和完好。

3. 层门

(1) 层门的作用与种类

在楼层的卸料平台上应设置层门，对卸料通道起安全保护作用，如图 1-11 所示。层门应用型钢做框架，封上钢丝网，并设有牢固可靠的锁紧装置，层门的开关过程应由吊笼内乘员操作，不得受吊笼运动的直接控制。

图 1-11　层门示意图

(2) 层门的安装要求

1) 层门的净宽度与吊笼进出口宽度之差不得大于 120mm，层门的底部与卸料平台的距离不应大于 50mm，层门不能凸出到吊笼的升降通道上。

2) 在正常工况下，关闭的吊笼门与层门间的水平距离不应大于 150mm。

3) 装载或卸载时，吊笼门与卸料平台边缘的水平距离不应大于 50mm。

4) 全高度层门打开后的净高度不应小于 2.0m。在特殊情况下，净高度不应小于 1.8m。

5) 高度降低的层门的高度不应小于 1.1m。层门与正常工作的吊笼运动部件的安全距离不应小于 0.85m，如果额定提升速度不大于 0.7m/s 时，安全距离可为 0.50m。

6) 高度降低的层门两侧应设置高度不小于 1.1m 的护栏，护栏的中间应设横杆，踢脚板高度不少于 150mm。吊笼与侧面护栏的间距不应小于 150mm。

(3) 层门的安全技术要求

1) 施工升降机的每一个登机处应设置层门。

2) 层门不得向吊笼通道开启，封闭式层门上应设有视窗。

3) 水平或垂直滑动的层门应有导向装置，其运动应有挡块限位。

4) 人货两用施工升降机机械传动层门的开、关过程应由笼内乘员操作，不得受吊笼运动的直接控制。

5) 层门应与吊笼的电气或机械联锁，当吊笼底板离某一卸料平台的垂直距离在 ±0.25m 以内时，该平台的层门方可打开。

6) 层门锁止装置应安装牢固，紧固件应有防松装置，所有锁止元件的嵌入深度不应少于 7mm。

7) 层门的结构和所有零部件都应完整完好，安装牢固可靠,活动部件灵活。层门的强度应符合相关标准。

(五)对重系统

1. 天轮架

带对重的施工升降机因连接吊笼与对重的钢丝绳需要经过一个定滑轮来工作,故需要设置天轮架。天轮架一般有固定式和开启式两种。SCD型施工升降机天轮架如图1-12所示。

图1-12 SCD型施工升降机天轮架

(1)固定式天轮架

固定式天轮架是用型钢加工的滑轮架,两个滑轮固定在滑轮架上部,滑轮上有防脱绳装置。使用时架设在导轨架的顶部,施工升降机在安装或升节时要整体吊装或取下。其优点是套架结构加工简单,缺点是操作复杂。

(2)开启式天轮架

开启式天轮架是把滑轮架的一端铰接在导轨架顶部的连系梁上,另一端为可开启的形式。当导轨架需要升降节时,天轮架在两个吊笼的支撑下打开连系梁,把标准节直接吊入天轮架内或吊下来,不需要把天轮架取下。其特点是套架结构加工比较复杂,但操作方便。

2. 对重

对重是对吊笼起平衡作用的重物。施工升降机的对重一般为长方形铸件或钢材制作成箱形结构，在两端安装有导向滚轮和防脱轨装置，上端有绳耳与钢丝绳连接。通过钢丝绳的牵引在导轨架的对重导轨内上下运行。

3. 对重钢丝绳

SC 型人货两用施工升降机悬挂对重的钢丝绳不得少于两根且相互独立。每绳的安全系数不应小于 6，直径不应小于 9mm。SC 型货用施工升降机悬挂对重的钢丝绳为单绳时安全系数不应小于 8。

4. 对重系统安全技术要求

（1）当吊笼底部碰到缓冲弹簧时，对重上端离开天轮架的下端应有 500mm 的安全距离。

（2）当吊笼上升到施工升降机上部碰到上限位停止运行时，吊笼的顶部与天轮架的下端应有 1.8m 的安全距离。

（3）天轮架滑轮的名义直径与钢丝绳直径之比不应小于 30。

（4）滑轮应有防止钢丝绳脱槽装置，该装置与滑轮外缘的间隙不应大于钢丝绳直径的 20%，且不大于 3mm。

（5）钢丝绳绳头应采用可靠的连接方式，绳接头的强度不低于钢丝绳强度的 80%。

（6）天轮架的结构和零部件应保持完整和完好。

（7）吊笼不能作为对重。

（8）对重两端的滑靴、导向滚轮和防脱轨保护装置应保持完整和完好。

（9）若对重使用填充物，应采取措施防止其窜动。

（10）对重应根据有关规定的要求涂成警告色。

（11）对重和钢丝绳的连接应符合规定。

（12）当悬挂使用两根或两根以上相互独立的钢丝绳时，应设置自动平衡钢丝绳张力装置；当单根钢丝绳过分拉长或破坏时，电气安全装置应停止吊笼的运行。

（13）为防止钢丝绳被腐蚀，应采用镀锌或涂抹适当的保护化合物。

（14）钢丝绳应尽量避免反向弯曲的结构布置。需要储存预留钢丝绳时，所用接头或附件不应对以后投入使用的钢丝绳截面产生损伤。

（15）多余钢丝绳应卷绕在卷筒上，其弯曲直径不应小于钢丝绳直径的15倍。

（16）当过多的剩余钢丝绳储存在吊笼顶上时，应有限制吊笼超载的措施。

（六）电缆导向装置

电缆导向装置是施工升降机的可选配件，使用单位根据现场环境（如导轨架安装高度）来选择合适的电缆导向装置。由于电缆是柔性体，电缆导向装置在设计时已尽量使电缆在多种极端情况下避免与施工升降机上其他部件发生碰撞、挂扯。但在日常工作中仍要经常留意和检查它的运行情况。

电缆导向装置目前常见的有四种形式：电缆导向架与储筒式、电缆小车式、电缆滑车式、滑触线式。

1. 电缆导向架与储筒式

电缆筒是圆筒状（电缆筒的大小和高度由安装高度和使用的电缆规格决定），电缆下端一头直接由外线接入，上端一头固定在托架上，整体卷放在筒内，当升降机向上运行时，吊笼带动电缆从电缆储筒内释放出来；当施工升降机向下运行时，电缆在自身圈绕惯性及重力的作用下自动卷入筒内，防止电缆与附近的设施或设备缠绕而发生危险。电缆筒固定在外笼底盘上。电缆筒的结构简单，成本低廉，易受到导轨架安装高度和升降机运行速度的限制，且环境风力对它的影响因素较大。电缆导向架是用以防止随行电缆缠挂并引导其准确进入电缆储筒的装置，在吊笼上下运行时，保护随行电缆不偏离电缆通道，电缆导向架的设置一般原则为：在电缆储筒口上方1.5m处安装第一道导向架；第二道导向架安装在第一道上方 3m 处；第三道导向架安装在第二道上方 4.5m 处；第四道导向架安装在第三道上方 6m 处，以后每道安装间隔为 6m。电缆导向架的安全技术要求：

（1）防止电缆导向装置与吊笼、对重碰擦。

（2）应按规定安装电缆导向架，不准增大靠近电缆储筒口的安装距离或减少甚至取消电缆导向架。

（3）及时更换绝缘层老化、腐朽或破损的电缆。

使用电缆筒的不足之处：

（1）当整机安装高度过高时，电缆本身质量太大，容易拉断，一般要求安装高度不超过 100m。

（2）当吊笼运行速度太快时，电缆无法顺畅回收到筒内。

（3）当环境风力较大时，电缆晃动幅度也较大，可能会使电缆无法回收到筒内。

2. 电缆小车

当施工升降机架设超过一定高度时（一般在 100～150m 时），受电缆的机械强度限制，采用电缆小车系统，电缆小车是目前使用最广泛的一种电缆导向装置。电缆小车可以安装在导轨架吊笼的下方，也可以安装在导轨架吊笼的对面，工作形式属于动滑轮机制，小车也是通过若干个滚轮锁定在导轨架内上下运行。如图 1-13 所示，电缆小车主要由滚轮、框架和大滑轮组成。当升降机向上运行时，电缆带着电缆小车向上运行；升降机向下运行时，电缆小车带着电缆跟着向下运行。不管是向上还是向下运行，电缆都处于一种拉紧状态。电缆的走线方向是从外笼电源箱接入，首先经导轨架内侧中心向上延伸，经导轨架高度中部左右的位置，再通过挑线架向外侧伸出，然后垂直向下绕过电缆小车的大滑轮再向上，最后通过托线架引入吊笼内电控箱。

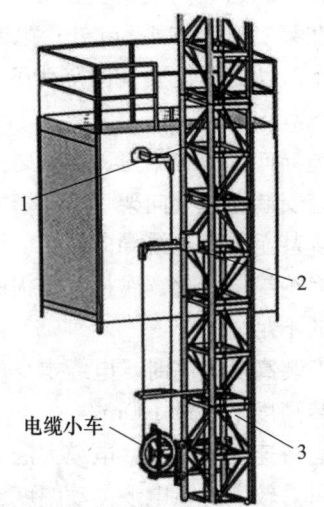

1—托线架;2—挑线架;3—电缆保护架

图 1-13 电缆小车

电缆小车自身没有动力,需要依靠电缆作为牵引拉动。当吊笼处于地面层时,小车紧跟,位于吊笼下方;当吊笼上升至中间高度时,小车大约处于四分之一高度;当吊笼升至最高时,小车则上升到中间高度。电缆小车的运动速度正好是吊笼速度的一半。

电缆小车有两个主要缺点:

(1) 牵引时受力点与小车重心不一致,运动时受力总是偏重于大滑轮侧。如果太多沙尘和油泥沾在导轨架上或小车滚轮与导轨架间隙又太小的话,则小车在运行时可能会发生卡阻,造成电缆被拉断。

(2) 要求对应的外笼门槛高度相对较高,一般在 0.45~1.5m 之间。导致安装前做基础时,需要挖出深坑或搭建一个很陡的斜坡平台。

3. 电缆滑车

电缆滑车的结构更复杂，成本也较高。电缆滑车装置包括电缆固定架、电缆撑杆、电缆导向架、电缆滑车导轨、电缆滑车等。升降机动力电缆由滑车拉直，靠U形电缆导向器导向，电缆从地面到导轨架中部牢固地固定在导轨架上，电缆滑车在导轨上滑行。

如图1-14所示，因为电缆滑车的滑车架是在自己的专用导轨上运行，比起电缆小车借用导轨架造成不平衡的工作方式而言，不容易发生卡阻问题。适用于环境比较恶劣等特殊要求的场合。

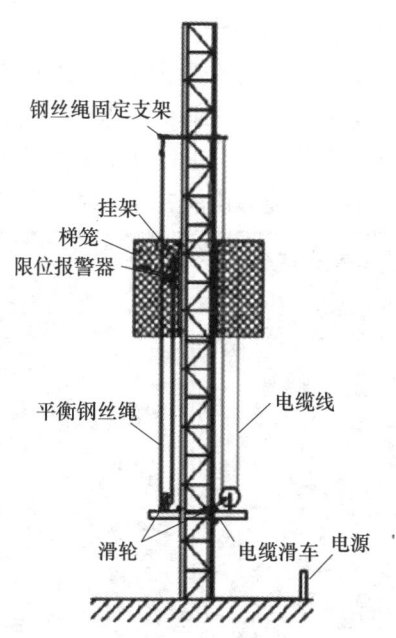

图1-14 电缆滑车示意图

4. 电缆滑触线

滑触线供电系统主要用于中高速梯及超高层建筑，其具有安装检修方便、使用寿命长、可供多台设备同时使用、可增加供电点等优点。滑触线槽采用优质绝缘材料，不受风雨等恶劣天气影响，安全可靠，经济实用。可随施工升降机标准节的高度随意加节，解决了原电缆使用寿命短，易被偷盗等问题。同时，该产品附加值高，可以实现哪里坏了换哪里，彻底改变了施工电缆因局部破损而更换整条电缆的弊端，节约成本。电缆滑触线的结构很复杂，如图 1-15 所示，主要由带电绝缘导轨，导电接触头和导轨支撑组成。带电绝缘导轨固定支撑在导轨架侧面，安装至导轨架相同高度，带电绝缘导轨下端与接入电缆接连。导电接触头固定在吊笼上，在吊笼上下运行过程中始终与带电绝缘导轨接触。其安装的直线度和对接方面的要求较高，成本也比较高。但是它不受电缆长度、质量的影响，并且导电接触头与带电绝缘导轨之间的导电面积可以做得比较大，压降比较小，所以安装高度可以相对较高。因为不需要负担电缆质量，所以吊笼负载能力比前三种电缆形式都好。

图 1-15　电缆滑触线示意图

滑触线的维修保养注意事项：

（1）每三个月检查滑触线集电器的电刷磨损情况，当电刷伸出碳刷盒的距离小于1mm时严禁使用该集电器，必须立即更换集电器。

（2）检查滑触线及铝排接头，有无锈蚀与松动；各固定件、集电器导向器螺母是否松动。

（3）检查滑触线是否弯曲变形，顶盖是否盖严，防水条扣件是否掉落。

（4）每月清理滑触线内腔灰尘及底部进线滑触线线槽内的垃圾，环境比较恶劣的地方，如井道内必须用塑料刷和空压机吹气等方法进行定期清理，清理时不可用力过大，以防损坏滑触线。

（5）检查集电器导向轮磨损情况，导向轮能确保电刷在滑触线上下左右的正确位置，导向轮磨损过度也会造成电刷磨损甚至滑触线损坏。

（6）除了电缆滑触线形式外，其他三种形式的电缆导向装置均要在导轨架的垂直方向上每隔6m左右安装一个电缆保护架，这是为了保护电缆而设置的。电缆保护架的作用是在风力影响下及吊笼上下运行时保护电缆，防止电缆与附近的设施或设备缠绕而发生危险。

5.电缆导向装置的安全技术要求

（1）防止电缆导向装置与吊笼、对重碰擦。

（2）应按规定安装电缆导向架，不准增大靠近电缆储筒口的安装距离或减少甚至取消电缆导向架。

（3）及时更换绝缘层老化、腐朽或破损的电缆。

（4）严禁带电作业，作业应由专业电工开展。

（七）吊杆

并不是每一个施工现场都有其他起重设备可以用来帮助安装或拆卸施工升降机标准节等部件。特别是当施工升降机安装在电梯井这类封闭空间时，要求施工升降机本身必须具有自行安装功能，所以每台施工升降机都会自带一套小型的起重设备即吊杆。

吊杆是一个可拆卸的配件。在安装或拆卸施工升降机时把吊杆安装在吊笼顶部，专门用来起吊标准节或附墙架等部件，起重能力一般不大于250kg。吊杆不允许作其他用途。常用吊杆分为手动吊杆和电动吊杆。

对于手动吊杆，物件的起吊和放下都需要操作人员通过摇杆人力完成。凡是人力吊杆都有制动功能，即起吊重物时往一个方向摇摇杆，反方向是制动的。但当下放重物时，可以转换方向摇摇杆且有限速制动。

二、施工升降机的基础

施工升降机在工作或非工作状态均应具有承受各种规定载荷而不倾翻的稳定性，而施工升降机安装在基础上，因此，基础应能承受最不利于工作或非工作条件下的全部载荷。

（一）基础的形式和构筑

1. 基础形式

基础一般分为三种形式，如图1-16、图1-17、图1-18所示。

（1）基础上平面高于地面。优点：不需挖坑，不需排水。缺点：形成门槛，且较高。

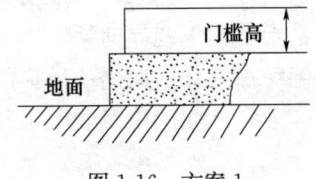

图1-16 方案1

（2）基础上平面与地面持平。优点：不需专门排水措施。

缺点：形成门槛，但不很高，只需铺设简单坡道。

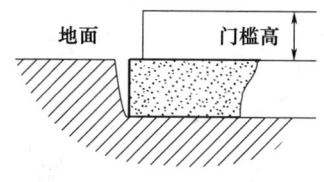

图 1-17　方案 2

（3）基础上平面低于地面。优点：地面与吊笼间无门槛。缺点：必须采取严格的排水措施，以免腐蚀坑中设备。

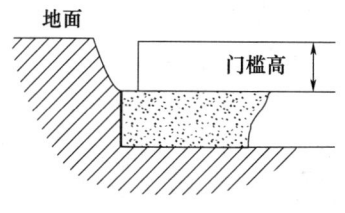

图 1-18　方案 3

2. 基础的构筑

施工升降机的基础设置有两种类别，如图 1-19 所示。基础的构筑应根据使用说明书或工程施工要求进行选择或进行设计。基础一般由钢筋混凝土浇筑而成，厚度为 350mm，内设双层钢筋网。钢筋网由中 $\phi 10 \sim \phi 12$ 钢筋间隔 250mm 组成，钢筋等级选用 HRB335；混凝土强度等级不低于 C30。

基础下土壤的承载力一般应大于 0.15MPa。混凝土基础表面的不平度应控制在 ± 5mm 之内。混凝土基础在构筑过程中如果不是采用预留孔二次浇捣的则应在基础内预埋底脚架和预埋螺栓，底脚架预埋时应把底脚架的螺钩绑扎在基础钢筋上，底脚架四个螺栓应在一个平面内，误差应控制在 1mm 之内，安装时按规定力矩拧紧，预埋件之间的中心距误差应控制在 5mm 之内。

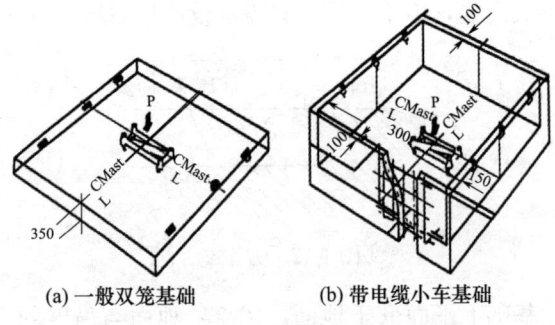

(a) 一般双笼基础　　(b) 带电缆小车基础

图 1-19　施工升降机的基础设置的类别

（二）基础的安全要求

1. 基础四周应设置排水设施。
2. 基础四周 5m 之内不准开挖深沟。
3. 30m 范围内不得进行对基础有较大振动的施工。
4. 制作基础时必须同时埋好接地装置。
5. 基础预埋件必须牢固地固定在基础加强钢筋上。

三、齿轮齿条式施工升降机的传动机构

（一）构造及工作原理

齿轮齿条式传动示意图，如图 1-20 所示。导轨架上固定的齿条和吊笼上的传动齿轮啮合在一起，传动机构通过电动机、减速器和传动齿轮转动使吊笼做上升、下降运动。

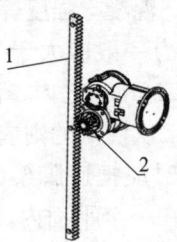

1—齿条；2—齿轮

图 1-20　齿轮齿条式传动示意图

齿轮齿条式施工升降机的传动机构一般有外挂式和内置式两种，按传动机构的配置数量有二驱动和三驱动之分，如图 1-21 所示。

图 1-21　传动机构的配置形式

为保证传动方式的安全有效，首先应保证传动齿轮和齿条的啮合。因此，在齿条的背面设置二套背轮，通过调节背轮使传动齿轮和齿条的啮合间隙符合要求。另外，在齿条的背面还设置了两个限位挡块，确保在紧急情况下传动齿轮不会脱离齿条。

（二）电动机

施工升降机传动机构使用的电动机绝大多数为 YZEJ-A132M-4 起重用盘式制动三相异步电动机。该电动机是在引进消化国外同类产品基础上研制生产的新颖电动机，尾部有直流制动装置，制动部位的电磁铁随制动片（制动盘）的磨损能自动补偿，无需人为调整制动间隙。尤其是制动装置由块式制动片改成整体式盘状制动片后，降低了电动机的噪声和振动，具有启动、制动平缓、冲击力小的优点。

1. 电动机工作条件

（1）环境温度不超过 40℃；

（2）海拔不超过 1000m；

（3）环境空气相对湿度不超过 85％。

2. 电动机主要技术参数见表 1-2

表 1-2　电动机主要技术参数

型号	额定电压(V)	额定频率(Hz)	负载持续率(%)	额定功率(kW)	额定转速(r/min)	额定电流(A)	制动器电压(V)	制动力矩(N·m)
YZEJ-Z 132M-4	380	50	连续	8.5	1410	19	196	120
			40	11	1390	23		
YZEJ-Z 132M-4	380	50	40	16.5	1410	37	196	120
				18.5	1396	41		

（三）电磁制动器

1. 构造

制动部分是由保持制动电磁铁与衔铁间恒定间隙的具有自动跟踪调整功能的直流盘形制动器，如图 1-22 所示。

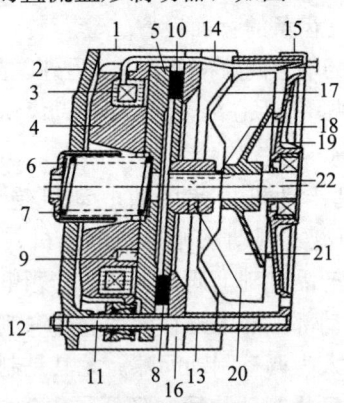

1—防护罩；2—端架；3—磁铁线圈；4—磁铁架；5—衔铁；
6—调整轴套；7—制动器弹簧；8—可转制动盘；9—压缩弹簧；
10—制动垫片；11—螺栓；12—螺母；13—垫圈；
14—线圈电缆；15—电缆夹子；16—固定制动盘；
17—风扇罩；18—键；19—电动机后端罩；
20—紧定螺钉；21—电动风扇；22—电动机主轴

图 1-22　电磁制动器结构示意图

2. 工作原理

当电动机未接通电源时,由于主弹簧 7 通过衔铁 5 压紧制动盘 8,带动制动垫片 10 与固定制动盘 16 的作用,电动机处于制动状态。当电机通电时,磁铁线圈 3 产生磁场,通过电磁块 4,衔铁 5 逐步吸合,制动盘 8 带制动垫片 10 渐渐摆脱制动状态,电动机逐步启动运转。电动机断电时,由于电磁铁磁场释放的制约作用,衔铁通过主辅弹簧的作用逐步增加对制动块的压力,使制动力矩逐步增大,达到电动机平缓制动的效果,减少升降机的冲击振动。当制动盘与制动块磨损到一定程度时必须更换,如图 1-23 所示。

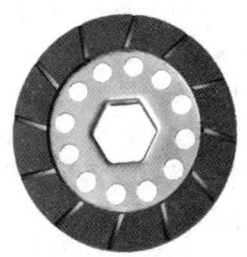

图 1-23 制动盘

3. 紧急下降操作

施工升降机如果出现失去动力或控制失效,在无法重新启动时,可进行手动紧急下降操作,如图 1-24 所示,使吊笼下滑到下一停靠点,使成员和司机安全离开吊笼。

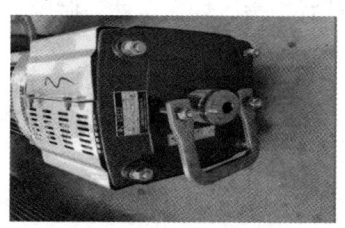

图 1-24 手动下降电机尾部拉手

手动下降操作时,将电动机尾部制动电磁铁手动释放拉手(环)缓缓向外拉出,使吊笼慢慢地下降。吊笼下降时不能超过安全器的标定动作速度,否则会引起安全器动作。吊笼的最大紧急下降速度不应超过 0.63m/s。每下降 20m 距离后应停止 1min,让制动器冷却后再行下降,防止因过热而损坏制动器。手动下降必须由专业人员进行操纵。

4. 电动机的电气制动

电动机的电气制动可分为反接制动、能耗制动和再生制动。对于反接制动、能耗制动,在一般的电工基础知识中已作了介绍,现着重针对与变频调速与制动有关的再生制动作一下介绍。再生制动的原理是由于外力的作用(如起重机在下放重物时),电动机的转速 n 超过同步转速 n_1,电动机处于发电状态,电动机定子中的电流方向反了,电动机转子导体的受力方向也反了,驱动转矩变为制动转矩,即电动机将机械能转化为电能,向电网反馈输电,故称为再生制动(发电制动)。这种制动只有当 $n > m$ 时才能实现。

再生制动的特点不是把转速下降到零,而是使转速受到限制。因此,不仅不需要任何设备装置,还能向电网输电,经济性较好。

5. 电动机与电磁制动器的安装要求

(1) 安装前制动器应单独通电,先将电压降至 150V,检查吸合和释放是否正常,有无卡住和异常响声,四角吸合和释放是否一致。吸合后用塞尺检查衔铁与制动块间的间隙,一般在 0.5~0.7mm。

(2) 电动机与减速器安装时必须保证减速器和联轴器的安装形式、尺寸符合装配要求。

(3) 二轴必须在同一轴线上。

1) 减速器联轴器和电动机联轴器相对端面间隙为 3~5mm 间距。

2）联轴器与电动机安装时严禁敲击过猛，防止损坏电动机后端盖。

6．电动机与制动器的安全技术要求

（1）启用新电动机或长期不用的电动机时需要用500V兆欧表测量电动机绕组间的绝缘电阻，其绝缘电阻不低于0.5MΩ，否则，应做干燥处理后，方可使用。

（2）电动机在额定电压偏差±5%的情况下，直流制动器在直流电压偏差±15%的情况下，仍然能保证电动机和直流制动器正常运转和工作。当电压偏差大于额定电压±10%时，应停止使用。

（3）施工升降机不得在正常运行中突然进行反向运行。

（4）电动机在使用中，当发现振动、过热、焦味、异常响声等反常现象时，应立即切断电源，排除故障后才能使用。

（5）当制动器的制动盘摩擦材料单面厚度磨损到接近1mm时，必须更换制动盘。

（6）电动机在额定载荷运行时，制动力矩太大或太小，应进行调整。

7．蜗轮减速器

（1）减速器的组成

减速器主要由蜗杆、蜗轮以及箱壳、输出轴、轴承、密封件等零件组成。蜗杆一般用合金钢制成，蜗轮一般由铜合金制成。

蜗轮的失效形式主要是胶合，所以在使用过程中蜗轮减速箱内要按规定保持一定量的油液，要防止缺油和发热。蜗轮减速器如图1-25所示。

（2）减速箱的润滑。新出厂的蜗轮减速器应防止减速器漏油，运行一定时间后，按说明书要求更换润滑油。减速器的油液，一般使用N320蜗轮油，其运动黏度范围40℃时为$288\sim352mm^2/s$，或按说明书要求使用规定的油液，不得随意使用齿轮油或其他油液。

图 1-25　蜗轮减速器

使用中,减速器的油液温升不得超过 60℃,否则,会造成油液的黏度急剧下降,使减速器产生漏油和蜗轮、蜗杆啮合时不能很好地形成油膜,造成胶合,长时间会使蜗轮副失效。

8. 齿轮与齿条

提升齿轮副是 SC 型施工升降机的主要传动机构。齿轮安装在蜗轮减速器的输出端轴上,齿条则安装在导轨架的标准节上。其安装使用要求是:

(1) 标准节上的齿条应连接牢固,相邻标准节的两齿条在对接处,沿齿高方向的阶差不大于 0.3mm;沿长度方向的齿距偏差不大于 0.6mm。

(2) 齿轮与齿条啮合时的接触长度,沿齿高不小于 40%;沿齿长不小于 50%;齿面侧间隙应在 0.2～0.5mm 之间。齿轮、齿条和背轮装配示意图如图 1-26 所示。

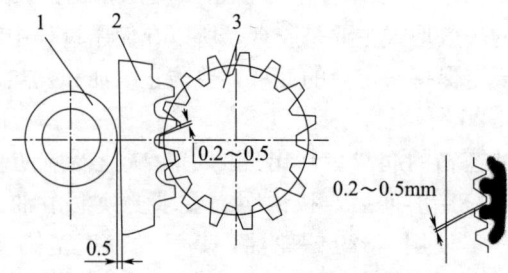

1—背轮;2—齿条;3—齿轮

图 1-26　齿轮、齿条和背轮装配示意图

（3）由于提升齿轮副的安装载体不同，当啮合传动时，啮合力分解出的径向力将使齿轮副分离，将造成吊笼失去悬挂状态。因此，在齿条的背面应设置一对背轮，背轮沿齿条背面滚动，当需要调整提升齿轮副的啮合间隙时，仅需将背轮的偏心轴回转某一角度即可。

（4）齿条和所有驱动齿轮、防坠安全器齿轮应正确啮合。齿条节线和与其平行的齿轮节圆切线重合或距离不超出模数的 1/3。当措施失效时，应进一步采取其他措施，保证其距离不超出模数的 2/3。

（5）应采取措施防止异物进入驱动齿轮和防坠安全器齿轮的啮合区间。

四、钢丝绳式施工升降机的驱动装置

钢丝绳式施工升降机驱动机构一般采用卷扬机或曳引机。货用施工升降机通常采用卷扬机驱动，人货两用施工升降机通常采用曳引机驱动，其提升速度不大于 0.63m/s，也可采用卷扬机驱动。

（一）卷扬机

卷扬机具有结构简单、成本低廉的特点。但与曳引机相比，很难实现多根钢丝绳独立牵引且容易发生乱绳、脱绳和挤压等现象，其安全可靠性较低，因此多用于货用施工升降机。

（二）曳引机

1. 曳引机的构造及工作原理

曳引机主要由电动机、减速机、制动器、联轴器、曳引轮、机架等组成。曳引机可分为无齿轮曳引机和有齿轮曳引机两种。施工升降机一般都采用有齿轮曳引机。为了减少曳引机在运动时的噪声和提高平稳性，一般采用蜗杆副作减速传动装置。曳引机的构造如图 1-27 所示。

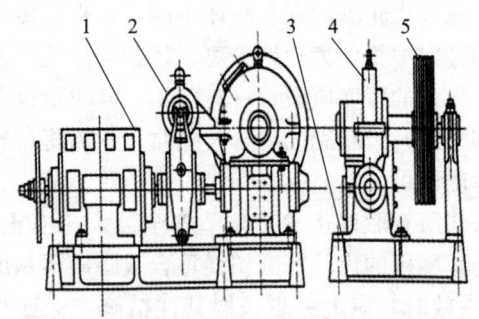

1—电动机；2—制动器、联轴器；3—机架；4—减速器；5—曳引轮

图1-27 曳引机外形

曳引机驱动施工升降机是利用钢丝绳在曳引轮绳槽中的摩擦力来带动吊笼升降。曳引机的摩擦力是由钢丝绳压紧在曳引轮绳槽中而产生，压力越大摩擦力越大，曳引力大小还与钢丝绳在曳引轮上的包角有关系，包角越大，摩擦力也越大，因而施工升降机必须设置对重。

2. 曳引机的特点

（1）一般为4～5根钢丝绳独立并行曳引，因而同时发生钢丝绳断裂造成吊笼坠落的概率很小。但钢丝绳的受力调整比较麻烦，钢丝绳的磨损比卷扬机的大。

（2）对重着地时钢丝绳将在曳引轮上打滑，即使在上限位安全开关失效的情况下，吊笼一般也不会发生冲顶事故，但吊笼不能提升。

（3）钢丝绳在曳引轮上始终是绷紧的，因此不会脱绳。

（4）吊笼的部分质量由对重平衡，可以选择较小功率的曳引机。

（三）驱动装置的安全技术要求

1. 卷扬机和曳引机在正常工作时其机外噪声不应大于85dB（A），操作者耳边噪声不应大于88dB（A）。

2. 卷扬机驱动仅允许使用于钢丝绳式无对重的货用施工升降机，吊笼额定提升速度不大于 0.63m/s 的人货两用施工升降机。

3. 人货两用施工升降机驱动吊笼的钢丝绳不应少于两根，且为相互独立的。钢丝绳的安全系数不应小于 12，钢丝绳直径不应小于 9mm。

4. 货用施工升降机驱动吊笼的钢丝绳允许用一根，其安全系数不应小于 8。额定载质量不大于 320kg 的施工升降机，钢丝绳直径不应小于 6mm；额定载质量大于 320kg 的施工升降机，钢丝绳直径不应小于 8mm。

5. 人货两用施工升降机采用卷筒驱动时，钢丝绳只允许绕一层，若使用自动绕绳系统，允许绕二层；货用施工升降机采用卷筒驱动时，允许绕多层，多层缠绕时应有排绳措施。

6. 当吊笼停止在最低位置时，留在卷筒上的钢丝绳不应小于三圈。

7. 卷筒两侧边缘大于最外层钢丝绳的高度不应小于钢丝绳直径的两倍。

8. 曳引驱动施工升降机，当吊笼或对重停止在被其质量压缩的缓冲器上时，提升钢丝绳不应松弛。当吊笼超载 25% 并以额定提升速度上、下运行和制动时，钢丝绳在曳引轮绳槽内不应产生滑动。

9. 人货两用施工升降机的驱动卷筒应开槽，卷筒绳槽应符合下列要求：

（1）绳槽轮廓应为大于 120° 的弧形，槽底半径 R 与钢丝绳半径 r 的关系应为 $1.05r < R \leqslant 1.075r$。

（2）绳槽的深度不小于钢丝绳直径的 1/3。

（3）绳槽的节距应大于或等于 1.15 倍钢丝绳直径。

10. 人货两用施工升降机的驱动卷筒节径与钢丝绳直径之比不应小于 30。对于 V 形或底部切槽的钢丝绳曳引轮，其节径与钢丝绳直径之比不应小于 31。

11. 货用施工升降机的驱动卷筒节径、曳引轮节径、滑轮直径与钢丝绳直径之比不应小于 20。

12. 制动器应是常闭式,其额定制动力矩,对人货两用施工升降机,不低于作业时的额定制动力矩的 1.75 倍;对货用升降机,不低于作业时的额定制动力矩的 1.5 倍。不允许使用带式制动器。

13. 人货两用施工升降机钢丝绳在驱动卷筒上的绳端应采用楔形装置固定,货用施工升降机钢丝绳在驱动卷筒上的绳端可采用压板固定。

14. 卷筒或曳引轮应有钢丝绳防脱装置,该装置与卷筒或曳引轮外缘的间隙不应大于钢丝绳直径的 20%,且不大于 3mm。

五、施工升降机电气控制系统

(一) 齿轮齿条式施工升降机的电气系统

1. 电气系统的组成

电气系统主要分为主电路、主控制电路和辅助电路,如图 1-28、图 1-29 所示为施工升降机电气原理图,其电器符号、名称见表 1-3。

表 1-3 施工升降机电器符号、名称符号

序号	符号	名称	备注
1	QF1	空气开关	
2	QS1	三项极限开关	
3	LD	电铃	
4	JXD	相序和断相保护器	
5	QF2	断路器	

第一章 施工升降机概述

续表

序号	符号	名称	备注
6	QF3QF4	断路器	
7	FR1FR2	热继电器	
8	M1M2	电动机	YZEJ132M—4
9	ZD1ZD2	电磁制动器	
10	QS2	按钮	灯开关
11	V1	整流器	
12	R1	压敏电阻	
13	SA1	急停按钮	
14	SA3	按钮	上升按钮
15	SA4	按钮	下降按钮
16	SA5	按钮盒	坠落试验
17	SA6	电铃按钮	
18	H1	信号灯	220V
19	SQ1	安全开关	吊笼门
20	SQ2	安全开关	吊笼门
21	SQ3	安全开关	天窗门
22	SQ4	安全开关	防护围栏门
23	SQ5	安全开关	上限位
24	SQ6	安全开关	下限位
25	SQ7	安全开关	安全器
26	EL	防潮顶灯	
27	K1，K2，K3，K4	交流接触器	
28	T1	控制变压器	
29	T2	控制变压器	

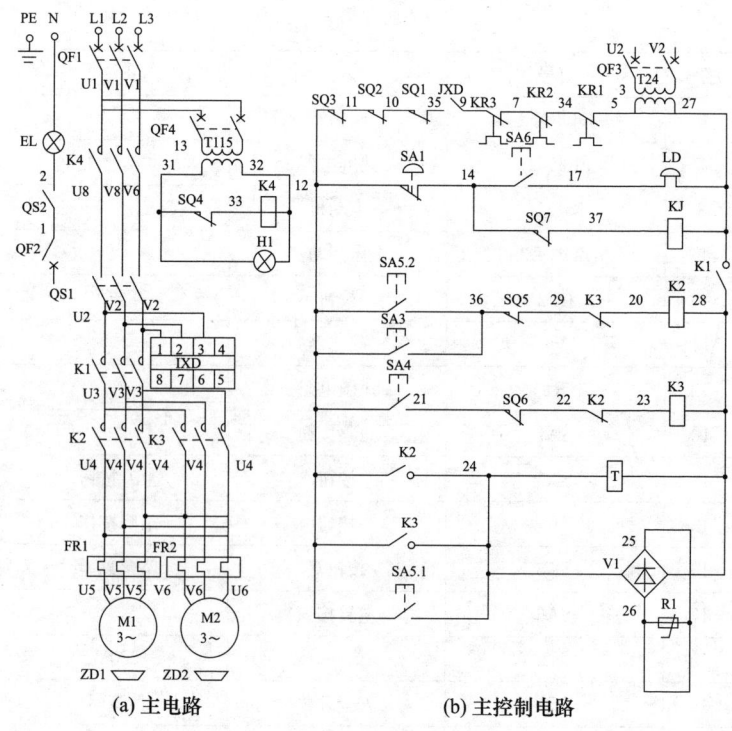

图 1-28 双驱施工升降机电气原理图

（1）主电路主要有电动机、断路器、热继电器、电磁制动器和相序断相保护器等电气元件组成。

（2）主控制电路主要由分断路器、按钮、交流接触器、控制变压器、安全开关、急停按钮和照明灯等电器元件组成。

（3）辅助电路一般有加节、坠落试验和吊杆等控制电路。

1）加节控制电路由插座、按钮和操纵盒等电器元件组成；

2）坠落试验控制电路由插座、按钮和操纵盒等电器元件组成；

3）吊杆控制电路主要由插座、熔断器、按钮、吊杆操纵盒和盘式电动机等电器元件组成。

第一章 施工升降机概述

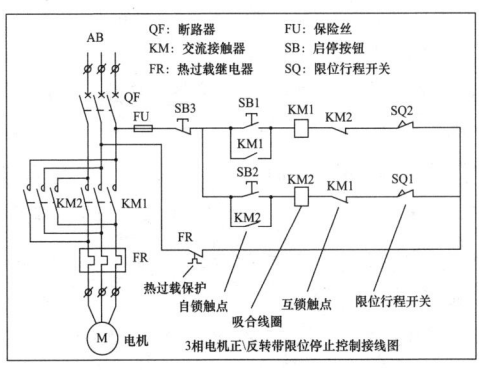

图 1-29 相电机正/反转带限位停止控制接线图

2. 电气系统控制元件的功能

（1）施工升降机采用 380V、50Hz 三相交流电源，由工地配备施工升降机专用电箱接入电源到施工升降机开关箱 L1、L2、L3 为三相电源，N 为零线，PE 为接地线。

（2）EL 为 220V 防潮吸顶灯，由 QF2 高分断小型短路器和 QS2 灯开关控制，如图 1-30 所示。

（3）QF1 为电路总开关，K4 为总电源交流接触器常开触点，其控制电路通过 QF4 高分断小型短路器、T1 控制变压器（380V/220V）、SQ4 围栏门限位开关、H1 信号灯及 K4 组成。当施工升降机围栏门打开后，SQ4 断开、K4 失电，接触器触点断开动力电源和控制电源，施工升降机不能启动或停止运行，如图 1-30 所示。

（4）QS1 为极限开关，当施工升降机运行时越程并触动极限开关时，QS1 动作，切断动力电源和控制电源，施工升降机不能启动或停止运行，如图 1-30 所示。

（5）JXD 为断相与错相保护继电器，当电源发生断、错相时，JXD 就切断控制电路，施工升降机不能启动或停止运行，如图 1-30 所示。

43

(6) K1 为主电源交流接触器常开触点，K2 和 K3 为上下行交流接触器常开触点，FR1、FR2 为热继电器，当电机 M1、M2 过热时，FR1、FR2 触点断开控制电路，施工升降机不能启动或停止运行，如图 1-30 所示。

(7) 控制电路由 T2 控制变压器（380V/220V）及电气元件组成，SQ1、SQ2、SQ3 分别为吊笼门和天窗限位安全开关，当上述门打开时，控制电路失电，施工升降机不能启动或停止运行，如图 1-30 所示。

(8) SA6 为电铃，LD 开关。SA1 为急停开关，SQ7 为安全器安全开关，当上述两开关动作时，K1 失电，K1 主触点断开动力电路，K1 辅助触点断开控制电路，施工升降机不能启动或停止运行，如图 1-30 所示。

(9) SA3 为上升按钮，SA5.2 为吊笼坠落试验前施工升降机上升按钮，SA4 为下降按钮，SQ5 和 SQ6 分别为吊笼上限位和下限位安全开关，T 为计时器，如图 1-30 所示。

(10) SA5.1 为吊笼坠落试验按钮，当 SA5.1 按钮接通后，通过 V1 整流桥使制动器 ZD1、ZD2 得电松闸，吊笼自由下落，如图 1-30 所示。

（二）钢丝绳式施工升降机的电气系统

1. 钢丝绳式施工升降机采用 380V、50Hz 三相交流电源。由工地配备专用电箱接入电源到施工升降机开关箱，L1、L2、L3 为三相电源，N 为零线，PE 为接地线。

2. 电路总开关采用具有漏电、过载、短路保护功能的漏电断路器。

3. 采用断相与错相保护继电器，当电源发生断、错相时，就切断控制电路，施工升降机不能启动或停止运行。

4. 采用热继电器，当电动机发热超过一定温度时，热继电器就及时分断主电路，电动机失电停止转动。

5. 合上电源断路器，上行控制，按上行按钮，电动机启动升降机上行。

6.停止时,按下停止按钮,整个控制电路失电,主触头分断,主电动机失电停止转动。

7.失压保护,电路若中途发生停电失压,恢复来电时不会自动工作,只有当重新按压上升按钮,电机才会工作。

(三) 变频调速施工升降机的电气系统

1.变频器调速的工作原理

三相交流异步电动机变频调速原理是改变电动机电源的频率来进行调速的。变频调速有恒磁通调速、恒电流调速和恒功率调速三种方法。恒磁通调速又称恒转矩调速,是将转速往额定转速以下调节,应用最广;恒电流调速时,过载能力较小,用于负载容量小且变化不大的场合;恒功率调速用于调节转速要高于额定转速,而电源电压又不能提高的场合。

变频调速具有质量轻、体积小、惯性小、效率高等优点。采用矢量控制技术。异步电动机调速的机械特性可像励磁直流电动机调速的机械特性一样"硬"。

2.变频器的一般安全使用要点

变频器在工作中会产生高温、高压和高频电波,使用中不论升降机制造单位和维修人员,原则上必须按说明书严格做好防护措施。

(1) 变频器在电控箱中的安装与周围设备必须保持一定距离,以利通风散热,一般上下和背部应留有足够间隙。

(2) 外接电阻箱会产生高温,一般应当与电控箱分开安装。运行中不要用手去触摸它的外壳,防止烫伤。

(3) 变频器在运行中如果电容器放电信号灯未熄灭时,切勿打开变频器外罩和接触接线端子等,防止电击伤人。

(4) 变频器接地必须正确、可靠,有条件的就设置专用接地装置。

(5) 为防止电磁感应产生冲击干扰,电路中感性线圈载荷(如继电器线圈等)应在发生源两端连接冲击吸收器,线圈连接冲击吸收器示意图如图 1-30 所示。

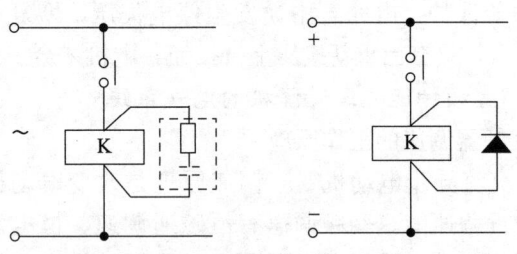

图 1-30 线圈连接冲击吸收器示意图

(6) 如发生变频器对其他设备信号、控制线干扰时,可根据说明书要求采取措施或对变频器输出电路进行电磁屏蔽,以减少干扰影响,电磁屏蔽抗干扰示意图如图 1-31 所示。

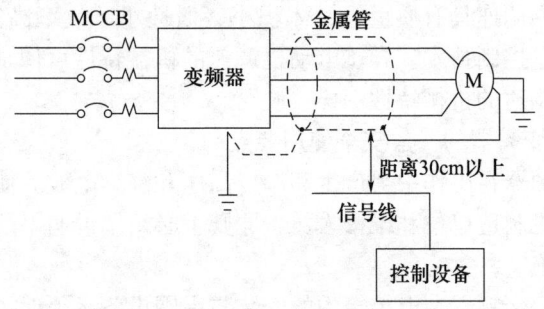

图 1-31 电磁屏蔽抗干扰示意图

(四) 电气箱

1. 电气控制箱是施工升降机电气系统的心脏部分,内部主要安装有上、下运行交流接触器、热继电器以及相序和断相保护器等。控制箱安装在吊笼内部,电气控制箱如图 1-32 所示。

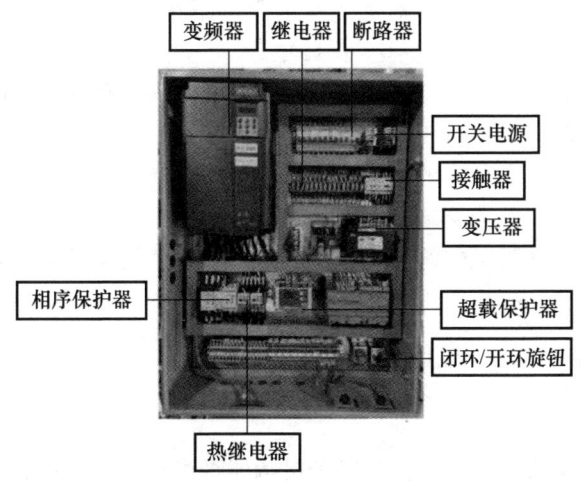

图 1-32 电气控制箱

2. 操纵台是操纵施工升降机运行的部分，它主要由电锁、操纵开关、急停按钮、加节按钮、电铃按钮、指示灯等组成，一般也安装在吊笼内部。电气控制操纵台如图 1-33 所示。

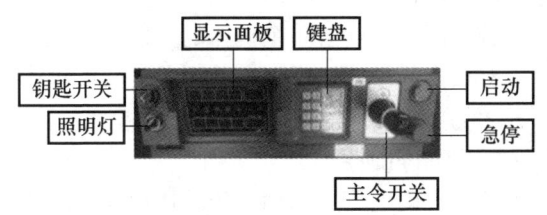

图 1-33 电气控制操纵台

3. 电源箱是施工升降机的电源供给部分，主要由空气开关、熔断器等组成。

4. 电气箱的安全技术要求

（1）施工升降机各类电路的接线应符合出厂的技术规定；

（2）电气元件的对地绝缘电阻应不小于 0.5MΩ，电气线路的对地绝缘电阻应不小于 1MΩ；

（3）各类电气箱等不带电的金属外壳均应有可靠接地，其接地电阻应不超过 4Ω；

（4）对老化失效的电气元件应及时更换，对破损的电缆和导线予以包扎或更新；

（5）各类电气箱应完整、完好，保持清洁和干燥，内部严禁堆放杂物等。

六、施工升降机的主要零部件

（一）齿轮与齿条

施工升降机中的齿轮齿条机构能否可靠地工作，不仅关系到设备的正常运转及使用，更直接关系到建筑施工现场的施工安全。

施工升降机齿轮的使用应当满足一定的使用要求，而且应符合相应的报废标准。当磨损量达到一定的报废极限时应当更换。

齿轮使用要求：

齿轮本身的制造精度对整个机器的工作性能、承载能力及使用寿命都有很大的影响。根据其使用条件，齿轮传动应满足以下几个方面的要求：

（1）传递运动准确性

要求齿轮较准确地传递运动，传动比恒定。即要求齿轮在转动中的转角误差不超过一定范围。

（2）传递运动平稳性

要求齿轮传递运动平稳，以减小冲击、振动和噪声。即要求限制齿轮转动时瞬时速比的变化。

（3）载荷分布均匀性

要求齿轮工作时，齿面接触要均匀，以使齿轮在传递动力时不因载荷分布不匀而使接触应力过大，引起齿面过早磨损。接触精度除了包括齿面接触均匀性以外，还包括接触面积和接触位置。

(4) 传动侧隙的合理性

要求齿轮工作时，非工作齿面间留有一定的间隙，以储存润滑油，补偿因温度、弹性变形所引起的尺寸变化和加工、装配时的一些误差。齿轮的制造精度和齿侧间隙主要根据齿轮的用途和工作条件而定。对于分度传动用的齿轮，主要要求齿轮的运动精度较高；对于高速动力传动用齿轮，为了减少冲击和噪声，对工作平稳性精度有较高要求；对于重载低速传动用的齿轮，则要求齿面有较高的接触精度，以保证齿轮不致过早磨损；对于换向传动和读数机构用的齿轮，则应严格控制齿侧间隙，必要时需消除间隙。

(二) 减速机蜗轮和伞齿齿轮

国内施工升降机的减速机大多数选用蜗轮蜗杆减速机或者伞齿齿轮减速机。蜗轮蜗杆减速机的结构，如图 1-34 所示。

图 1-34 蜗轮蜗杆减速机剖切图

（三）电机制动块和制动盘

电机制动器的电磁铁芯与衔铁之间的间隙由具独特功能的间隙自动跟踪调整装置控制，故在一定范围内间隙不受制动块磨损的影响，但当制动块磨损到接近转动盘厚度时，必须更换制动块。

（四）钢丝绳

1. 股

（1）股应捻制均匀、紧密。

（2）股芯丝和股纤维芯，应具有足够的支撑作用，以使外层包捻的钢丝能均匀捻制，股中相邻钢丝之间允许有均匀的缝隙。用同直径钢丝制成的股及绳中的钢芯，其中心钢丝和中心股应适当加大。

2. 钢丝绳捻制

（1）钢丝绳应捻制均匀、紧密且不松散。在展开和无负荷情况下，不得呈波浪状。绳内钢丝不得有交错、折弯和断丝等缺陷，但允许有因工具压紧造成的钢丝压扁现象存在。

（2）钢丝绳制造时，同直径钢丝应为同一公称抗拉强度，不同直径钢丝允许采用相同或相邻公称抗拉强度，但应保证钢丝绳最小破断拉力符合有关规定。

（3）钢丝绳的绳芯应具有足够的支撑作用，以使外层包捻的股均匀捻制。允许各相邻股之间有较均匀的缝隙。

（4）镀锌钢丝绳中的所有钢丝都应是镀锌的。

（5）钢丝绳中钢丝的接头应尽量减少。钢丝接续时，应用对焊连接。股同一次捻制中，各连接点在股内的距离不得小于 10m。

（6）涂油，钢丝绳应均匀地连续涂敷防锈油脂，另有要求的除外。要求钢丝绳有增磨性能时，钢丝绳应涂增磨油脂。

（五）滑轮

建筑施工所用的升降机上的滑轮安全性要求较高，引导钢丝绳上行的滑轮应设置防止异物进入的措施，还要有防止钢丝绳脱槽装置，钢丝绳的偏角不得超过 2.5°，要经常清理，保持润滑，保证灵活转动。

第四节　施工升降机安全保护装置的构造、工作原理

一、防坠安全器

（一）防坠安全器的分类及特点

防坠安全器是非电气、气动和手动控制的防止吊笼或对重坠落的机械式安全保护装置。防坠安全器是一种非人为控制的，当吊笼或对重一旦出现失速、坠落情况时，能在设置的距离、速度内使吊笼安全停止。防坠安全器按其制动特点可分为渐进式和瞬时式两种形式。

1. 渐进式防坠安全器

渐进式防坠安全器是一种初始制动力（或力矩）可调，制动过程中制动力（或力矩）逐渐增大的防坠安全器。其特点是制动距离较长，制动平稳，冲击小。渐进式安全防坠器如图 1-35 所示。

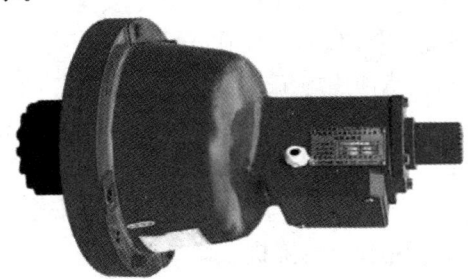

图 1-35　渐进式安全防坠器

2. 瞬时式防坠安全器

瞬时式防坠安全器是初始制动力（或力矩）不可调，瞬间即可将吊笼或对重制停的防坠安全器。其特点是制动距离较短，制动不平稳，冲击力大。瞬时式防坠区安全器如图 1-36 所示。

图 1-36 瞬时式防坠区安全器

（二）渐进式防坠安全器

渐进式防坠安全器的全称为齿轮锥鼓形渐进式防坠安全器。

1. 渐进式防坠安全器的使用条件

（1）SC 型施工升降机

SC 型施工升降机应采用渐进式防坠安全器，当升降机对重质量大于吊笼质量时，还应加设对重防坠安全器。

（2）SS 型人货两用施工升降机

对于 SS 型人货两用施工升降机，其吊笼额定提升速度大于 0.63m/s 时，应采用渐进式防坠安全器；当升降机对重额定提升速度大于 1m/s 时，应采用渐进式防坠安全器。

（3）SS 型货用施工升降机

对于 SS 型货用施工升降机，其吊笼额定提升速度大于

0.85m/s时，应采用渐进式防坠安全器。

2. 渐进式防坠安全器的构造

渐进式防坠安全器主要由齿轮、离心式限速装置、锥鼓形制动装置等组成。离心式限速装置主要由离心块座、离心块、调速弹簧、螺杆等组成；锥鼓形制动装置主要由壳体、摩擦片、外锥体、加力螺母、蝶形弹簧等组成。防坠安全器结构如图1-37所示。

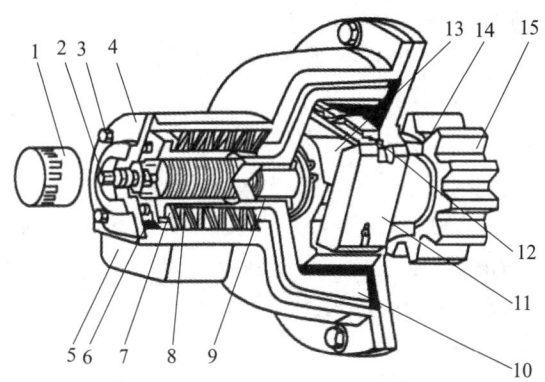

1—罩盖；2—浮螺钉；3—螺钉；4—后盖；5—开关罩；
6—螺母；7—防转开关压臂；8—蝶形弹簧；9—轴套；
10—旋转制动毂；11—离心块；12—调速弹簧；
13—离心块座；14—轴套；15—齿轮

图1-37 防坠安全器的构造

3. 渐进式防坠安全器的工作原理

安全器安装在施工升降机吊笼的传动底板上，一端的齿轮啮合在导轨架的齿条上。当吊笼在正常运行时，齿轮轴带动离心块座、离心块、调速弹簧和螺杆等组件一起转动，安全器也就不会动作。当吊笼瞬时超速下降或坠落时，离心块在离心力的作用下压缩调速弹簧并向外甩出，其三角形的头部卡住外锥体的凸台，然后就带动外锥体一起转动。此时外锥体尾部的外螺纹在加力螺母内转动，由于加力螺母被固定住，故外锥体只

53

能向后方移动,这样使外锥体的外锥面紧紧地压向胶合在壳体上的摩擦片,当阻力达到一定量时就使吊笼制停。

4. 渐进式防坠安全器的主要技术参数

施工升降机防坠安全器型号用名称代号和主参数来表示,一般是SAJ××-×.×,其中SAJ是施工升降机防坠安全器的名称代号,后面的四位数字中前两位数表示防坠安全器的额定制动载荷,后两位数表示防坠安全器的额定动作速度。例如施工升降机配置的防坠安全器型号是SAJ40-2.0,表示防坠安全器额定制动载荷为40kN,额定动作速度是2.0m/s。

(1) 额定制动载荷

额定制动载荷是指安全器可有效制动停止的最大载荷。目前标准规定为20kN、30kN、40kN、60kN四档。SC100/100型和SCD200/200型施工升降机上配备的安全器的额定制动载荷一般为30kN;SC200/200型施工升降机上配备的安全器的额定制动载荷一般为40kN。

(2) 标定动作速度

标定动作速度是指按所要限定的防护目标运行速度而调定的安全器开始动作时的速度,它应不大于升降机额定速度0.4m/s。

(3) 制动距离

制动距离指从安全器开始动作到吊笼被制动停止时,吊笼所移动的距离。制动距离应符合表1-4的规定。

表1-4 安全器制动距离

施工升降机额定速度 v (m/s)	安全装置制动距离 (m)
$v \leqslant 0.65$	0.10~1.40
$0.65 < v \leqslant 1.00$	0.20~1.60
$1.00 < v \leqslant 1.33$	0.30~1.80
$1.33 < v \leqslant 2.40$	0.40~2.00

（三）瞬时式防坠安全装置

1. 使用条件

（1）对于 SS 型人货两用施工升降机，每个吊笼应设置兼有防坠和限速双重功能的防坠安全装置，当吊笼超速下行或其悬挂装置断裂时，该装置应能将吊笼制停并保持静止状态。

（2）SS 型人货两用施工升降机吊笼额定提升速度小于或等于 0.63m/s 时，可采用瞬时式防坠安全装置；当其对重额定提升速度小于或等于 1m/s 时，可采用瞬时式防坠安全装置。

（3）SS 型货用施工升降机可采用断绳保护装置和停层防坠落装置两部分组成的防坠安全装置。当吊笼提升钢丝绳松绳或断绳时，该装置应能制停带有额定载质量的吊笼，且不造成结构严重损坏。对于额定提升速度小于或等于 0.85m/s 的施工升降机，可采用瞬时式防坠安全装置。

2. SS 型人货两用施工升降机的瞬时式防坠安全装置

SS 型人货两用施工升降机使用的瞬时式防坠安全装置一般由限速装置和断绳保护装置两部分组成。瞬时式防坠安全装置允许借助悬挂装置的断裂或借助一根安全绳来动作。

（1）限速装置

限速装置主要用于钢丝绳式施工升降机，与断绳保护装置配合使用。其工作原理如图 1-38 所示，在外壳上固定悬臂轴 6，限速钢丝绳通过槽轮装在悬臂轴上。槽轮有两个不同直径的沟槽，直径大的用于正常工作，直径小的用来检查限速器动作是否灵敏。固定在槽轮上的销轴 5 上装有离心块 1，两离心块之间用拉杆 2 铰接，以保证两离心块同步运动。通过调节拉杆 2 的长度可改变销子 8 和销子 11 之间的距离，在装离心块一侧的槽轮表面上固定有支架 9，在支承端部与拉杆螺母之间装有预紧弹簧 10。由于拉杆连接离心块，弹簧力迫使离心块靠近槽轮旋转中心，固定挡块 4 凸出在外壳内圆柱表面上。当

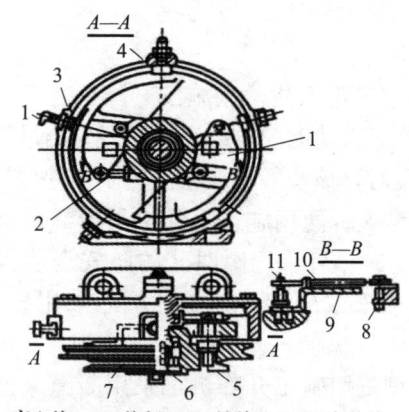

1—离心块；2—拉杆；3—挡块；4—固定挡块；
5—销轴；6—悬臂轴；7—槽轮；8—销；
9—支架；10—预紧弹簧；11—销

图 1-38 限速器工作原理

槽轮在与吊笼上的断绳保护装置带动系统杆件连接的限速钢丝绳带动下，以额定速度旋转时，离心块产生的离心力还不足以克服弹簧张力，限速器随同正常运行的吊笼而旋转；当提升钢丝绳拉断或松脱，吊笼以超过正常的运行速度坠落时，限速钢丝绳带动限速器槽轮超速旋转。离心块在较大的离心力作用下张开，并抵在固定挡块 4 上，停止槽轮转动。当吊笼继续坠落时，停转的限速器槽轮靠摩擦力拉紧限速钢丝绳，通过带动系统杆件驱动断绳保护装置制停吊笼。在瞬时式限速器上还装有限位开关，当限速器动作时，能同时切断施工升降机的动力电源。

（2）断绳保护装置

瞬时式断绳保护装置也叫楔块式捕捉器，与瞬时式限速器配合使用，如图 1-40 所示。捕捉器有两对夹持楔块，捕捉器动作时，导轨被夹紧在两个楔块之间，楔块镶嵌在闸块上，闸块由拉杆连接，由压簧激发系统带动工作。

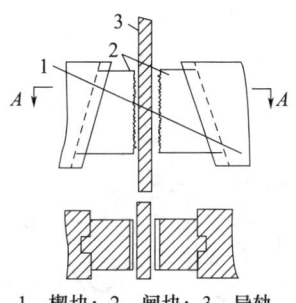

1—楔块；2—闸块；3—导轨

图 1-40　瞬时式断绳保护装置

3. SS 型货用施工升降机的瞬时式防坠安全装置

SS 型货用施工升降机的瞬时式防坠安全装置应具有断绳保护和停层防坠落功能。在吊笼停层后，人员出入吊笼之前，停层防坠落装置应动作，使吊笼的下降操作无效，即使此时发生吊笼提升钢丝绳断绳，吊笼也不会坠落。

（1）防坠安全装置的构造

如图 1-41 所示为具有断绳保护和停层防坠落功能的组合式安全器。其构造由主动杆、从动杆、下连杆、轮轴、偏心轮、弹簧、拉杆、横连杆、连杆、轮轴、偏心轮和弹簧等组成。

（2）防坠安全装置工作原理

1）断绳保护装置工作原理，如图 1-42 所示。当卷扬机启动拉紧钢丝绳时，连接在起重钢丝绳上的主动杆 1 向上拉起，同时拉动从动杆 2 向上运动、压缩弹簧 6 和在从动杆 2 带动下连杆 3 围绕轮轴 4 向中间转动，再由轮轴 4 带动偏心轮 5，向外两侧转动离开导轨，此时吊笼可以运行，如图 1-42（a）所示。而当钢丝绳松弛或断绳时，主动杆 1 在弹簧 6 的作用下，克服阻力向下移动，推动连杆 2 使连杆 3 围绕轮轴 4 向外侧转动，同时带动偏心轮向中间转动夹紧导轨，将吊笼制停在导轨架上，如图 1-42（b）所示。

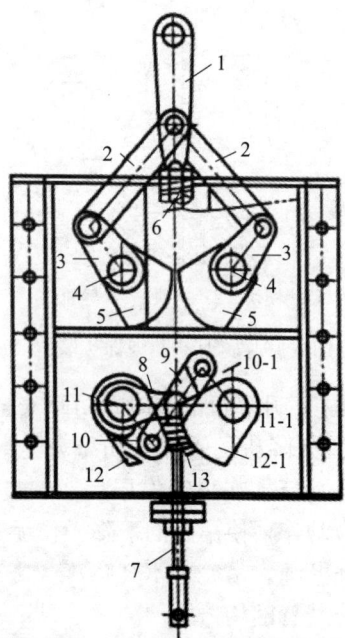

1—主动杆；2—从动杆；3—下连杆；4—轮轴；5—偏心轮；6—弹簧；7—拉杆；8—横连杆；9—连杆；10、10-1—连杆；11、11-1—轮轴；12、12-1—偏心轮；13—弹簧

图 1-41　防坠安全装置结构示意图

2）停层防坠落装置工作原理，如图 1-41 所示。在吊笼运行前，向下拉动拉杆 7，带动横连杆 8 围绕轮轴 11 向下转动，在轮轴 11 的带动下使同侧的连杆 10 和偏心轮 12 一起向外侧转动。而当连杆 10 转动时，同时带动另一侧的连杆 10-1 和偏心轮 12-1 围绕轮轴 11-1 一起向外侧转动，此时两偏心轮同时离开导轨，吊笼可启动，如图 1-43（b）所示。当到达层站时，只要松开拉杆 7 的约束，在弹簧 13 的作用下，拉杆 7 向上移动，完成一系列动作后，使两偏心轮向中间转动，达到夹紧导轨防止吊笼坠落的目的，如图 1-43（a）所示。

第一章 施工升降机概述

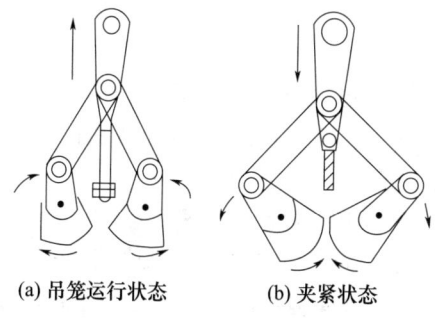

(a) 吊笼运行状态　　　(b) 夹紧状态

图 1-42 断绳保护装置工作状态图

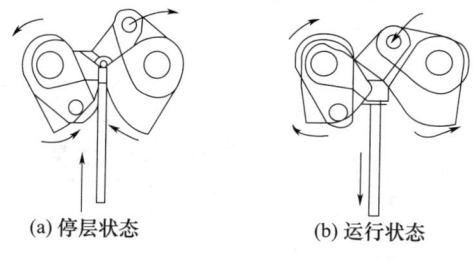

(a) 停层状态　　　(b) 运行状态

图 1-43 停层防坠落装置示意图

（3）防坠安全装置的试验

当施工升降机安装后和使用过程中应进行坠落试验和对停层防坠装置进行试验。坠落试验时，应在吊笼内装上额定载荷并把吊笼上升到离地面 3m 左右高度后停住，然后用模拟断绳的方法进行试验。停层防坠落装置试验时，应在吊笼内装上额定载荷把吊笼上升 1m 左右高度后停住，在断绳保护装置不起作用的情况下，放松拉杆，使偏心轮夹紧导轨，然后启动卷扬机使钢丝绳松弛，看吊笼是否下降。

（四）防坠安全器的安全技术要求

1. 防坠安全器必须进行定期检验标定，定期检验应有相应资质的单位进行。

2. 防坠安全器只能在有效的标定期内使用，有效检验标定期限不应超过1年，自出厂之日起五年强制报废。

3. 施工升降机每次安装后，必须进行额定载荷的坠落试验，以后至少每三个月进行一次额定载荷的坠落试验。试验时，吊笼不允许载人。

4. 防坠安全器出厂后，动作速度不得随意调整。

5. SC 型施工升降机使用的防坠安全器安装时透气孔应向下，紧固螺栓不能出现裂纹，安全开关的控制接线完好。

6. 防坠安全器动作后，需要由专业人员实施复位，使施工升降机恢复到正常工作状态。

7. 防坠安全器在任何时候都应该起作用，包括安装和拆卸工况。

8. 防坠安全器不应由电动、液压或气动操纵的装置触发。

9. 一旦防坠安全器触发，正常控制下的吊笼运行应由电气安全装置自动中止。

二、电气安全开关

电气安全开关是施工升降机中使用比较多的一种安全防护开关。当施工升降机没有满足运行条件或在运行中出现不安全状况时，电气安全开关动作，施工升降机不能启动或自动停止运行。

（一）电气安全开关的种类

施工升降机的电气安全开关大致可分为行程安全控制和安全装置联锁控制两大类。

1. 行程安全控制开关

行程安全控制开关是指当施工升降机的吊笼超越了允许运动的范围时能自动停止吊笼的运行。主要有上、下行程限位开关，减速开关和极限开关。如图1-44、图1-45所示。

第一章　施工升降机概述

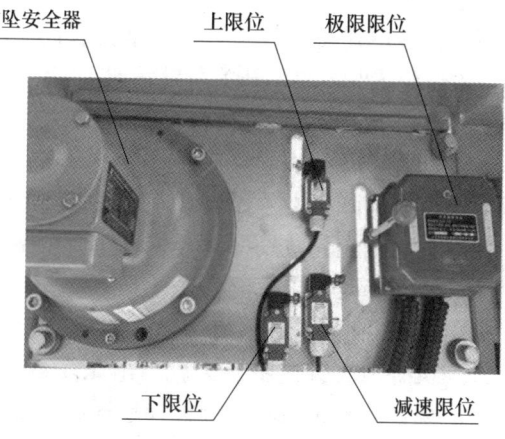

图 1-44　行程安全控制开关（一）

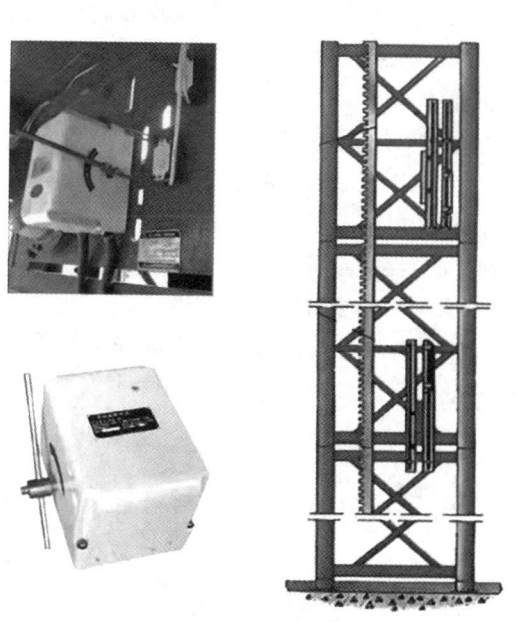

图 1-45　行程安全控制开关（二）

61

(1) 行程限位开关

上、下行程限位开关安装在吊笼安全器底板上，当吊笼运行至上、下限位位置时，限位开关与导轨架上的限位挡板碰触，吊笼停止运行，当吊笼反方向运行时，限位开关自动复位。

(2) 减速开关

变频调速施工升降机必须设置减速开关，当吊笼下降时在触发下限位开关前，应先触发减速开关，使变频器切断加速电路，以避免吊笼下降时冲击底座。

(3) 极限开关

施工升降机必须设置极限开关。当吊笼在运行时如果上、下限位开关出现失效，超出限位挡板并越程后，极限开关须切断总电源使吊笼停止运行。极限开关应为非自动复位型的开关，其动作后必须手动复位才能使吊笼重新启动。在正常工作状态下，下极限开关挡板的安装位置应保证吊笼碰到缓冲器之前极限开关应首先动作。

2. 安全装置联锁控制开关

当施工升降机出现不安全状态，触发安全装置动作后能及时切断电源或控制电路，使电动机停止运转。该类电气安全开关主要有防坠安全器安全开关和防松绳开关两种。

(1) 防坠安全器安全开关

防坠安全器动作时，设在安全器上的安全开关，能立即将电动机的电路断开，制动器制动。防坠安全器安全开关如图1-46所示。

(2) 防松绳开关

1) 施工升降机的对重钢丝绳绳数为两条时，钢丝绳组与吊笼连接的一端应设置张力均衡装置，并装有由相对伸长量控制的非自动复位型的防松绳开关。当其中一条钢丝绳出现的相对伸长量超过允许值或断绳时，该开关将切断控制电路，同时制动器制动，使吊笼停止运行。

第一章　施工升降机概述

图 1-46　防坠安全器安全开关

2）对重钢丝绳采用单根钢丝绳时也应设置防松（断）绳开关，如图 1-47 所示。当施工升降机出现松绳或断绳时，该开关应立即切断电机控制电路，同时制动器制动，使吊笼停止运动。

图 1-47　防松绳开关

（3）门安全控制开关

当施工升降机的各类门没有关闭时，施工升降机就不能启动；当施工升降机在运行中把门打开时，施工升降机吊笼就会自动停止运行。该类电气安全开关主要有：单行门、双行门、天窗门、围栏门等安全开关，如图 1-48、图 1-49、图 1-50 所示。

63

图 1-48 门安全控制开关（一）

图 1-49 门安全控制开关（二）　　图 1-50 门安全控制开关（三）

（二）电气安全开关的安全技术要求

1. 电气安全开关必须安全牢固，不能松动。

2. 电气安全开关应完整、完好，紧固螺栓应齐全，不能缺少或松动。

3. 电气安全开关的臂杆不能歪曲变形，防止安全开关失效。

4. 每班都要检查极限开关的有效性，防止极限开关失效。

5. 严禁用触发上、下限位开关来作为吊笼在最高层站和地面层站停站的操作。

三、机械门锁

施工升降机的吊笼门、顶盖门、地面防护围栏门都装有机械电气联锁装置。各个门未关闭或关闭不严,电气安全开关将不能闭合,吊笼不能启动工作;吊笼运行中门一旦被打开,吊笼的控制电路也将被切断,吊笼停止运行。

(一)围栏门的机械联锁装置

1. 围栏门的机械联锁装置的作用

围栏门应装有机械联锁装置,使吊笼只有位于地面规定的位置时围栏门才能开启,且在门开启后吊笼不能启动。目的是防止在吊笼离开基础平台后人员误入基础平台造成事故。

2. 围栏门的机械联锁装置的结构

机械联锁装置的结构,如图 1-51 所示。由机械锁钩 1、压簧 2、销轴 3 和支座 4 组成。整个装置由支座 4 安装在围栏门框上当吊笼停靠在基础平台上时,吊笼上的开门挡板压着机械锁钩的尾部,机械锁钩就离开围栏门,此时围栏门才能打开,而当围栏门打开时,电气安全开关起作用,吊笼就不能启动;当吊笼运行离开基础平台时,机械锁在压簧 2 的作用下,机械锁钩扣住围栏门,围栏门就不能打开;如强行打开围栏门时,吊笼就会立即停止运行。

 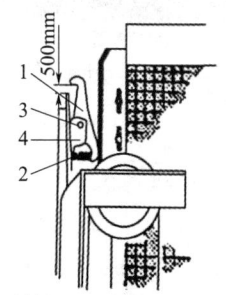

1—机械锁钩;2—压簧;3—销轴;4—支座

图 1-51 机械联锁装置

(二) 吊笼门的机械联锁装置

吊笼设有进料门和出料门，进料门一般为单门，出料门一般为双门，进出门均设有机械锁止装置，当吊笼位于地面规定的位置和停层位置时，吊笼门才能开启。进出门完全关闭后，吊笼才能启动运行。

如图 1-52 所示为吊笼进料门机械联锁装置，由门上的挡块 1、门框上的机械锁钩 2、压簧 3、销轴 4 和支座 5 组成。当吊笼下降到地面时，施工升降机围栏上的开门压板压着机械锁钩的尾部，同时机械锁钩就离开门上的挡块，此时门才能开启。当门关闭吊笼离地后，吊笼门框上的机械锁钩在压簧的作用下嵌入门上的挡块缺口内，吊笼门被锁住。如图 1-53 所示为吊笼出料门的机械联锁装置构造。

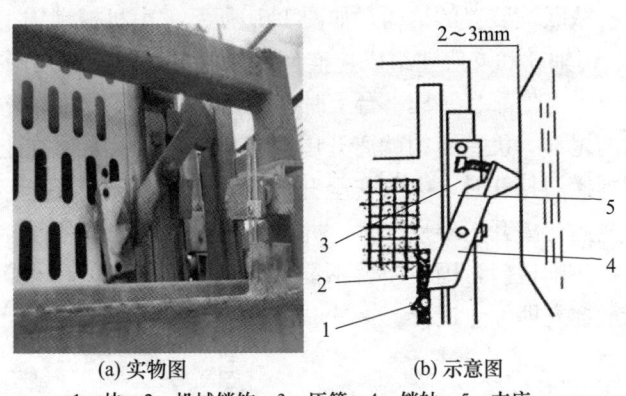

(a) 实物图　　　　　　(b) 示意图
1—块；2—机械锁钩；3—压簧；4—销轴；5—支座

图 1-52　机械联锁装置

(三) 防冲顶装置

施工升降机应设置防冲顶装置，该装置在施工升降机正常作业、安装、拆卸或维护检查时均应起作用。当驱动系统驶出导轨架时，该装置应能切断控制回路使吊笼停止运行。

施工升降机安装完成后，导轨架顶部应有机械式防冲顶措施,顶节无齿条,如图 1-54 所示。

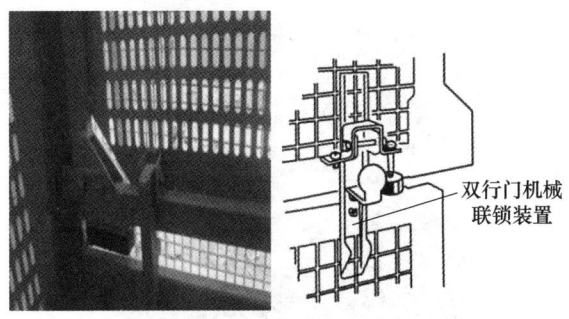

图 1-53 双行门机械联锁装置

图 1-54 顶节无齿条

四、其他安全装置

(一)缓冲装置

1. 缓冲装置的作用

缓冲装置是安装在施工升降机底架上,用以吸收下降的吊笼或对重的动能,起到缓冲作用。

施工升降机的缓冲装置主要使用弹簧缓冲器,如图 1-55 所示。

图 1-55 缓冲装置

2. 缓冲装置的安全要求

(1) 每个吊笼设 2~3 个缓冲器,对重一个缓冲器。同一组缓冲器的顶面相对高度差不应超过 2mm。

(2) 缓冲器中心与吊笼底梁或对重相应中心的偏移不应超过 20mm。

(3) 经常清理基础上的垃圾和杂物,防止堆在缓冲器上使弹簧缓冲器失效。

(4) 应定期检查缓冲器的弹簧,发现锈蚀严重超标的要及时更换。

(二) 安全钩

1. 安全钩的作用

安全钩是防止吊笼倾翻的挡块。其作用是防止吊笼脱离导轨架或防坠安全器输出端齿轮脱离齿条,如图 1-56 所示。

2. 安全钩的基本构造

安全钩一般有整体浇铸和钢板加工两种。其结构分底板和钩体两部分,底板由螺栓固定在施工升降机吊笼的立柱上。

图 1-56 安全钩

3. 安全钩的安全要求

(1) 安全钩必须成对设置，在吊笼立柱上一般安装上、下二组安全钩，安装应牢固。

(2) 上面一组安全钩的安装位置必须低于最下方的驱动齿轮。

(3) 安全钩出现焊缝开裂、变形时应及时更换。

(三) 齿条挡块

为避免施工升降机在运行中或吊笼下坠时防坠安全器的齿轮与齿条啮合分离，施工升降机应采用齿条背轮和齿条挡块。在当齿条背轮失效后，齿条挡块就成为最终的防护装置，如图 1-57 所示。

图 1-57 齿条挡块

（四）错相断相保护器

电路应设有相序和断相保护器。当电路发生错相或断相时，保护器就能通过控制电路及时切断电动机电源，使施工升降机无法启动，如图 1-58 所示。

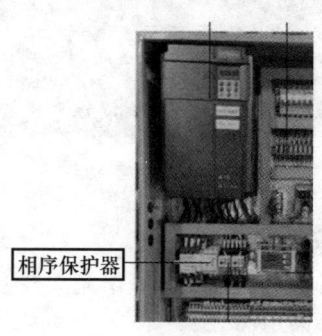

图 1-58　错相断相保护器

（五）急停开关

在吊笼的控制装置（含便携式控制装置）上应装有非自动复位型的急停开关，任何时候均可切断控制电路停止吊笼运行，如图 1-59、图 1-60 所示。

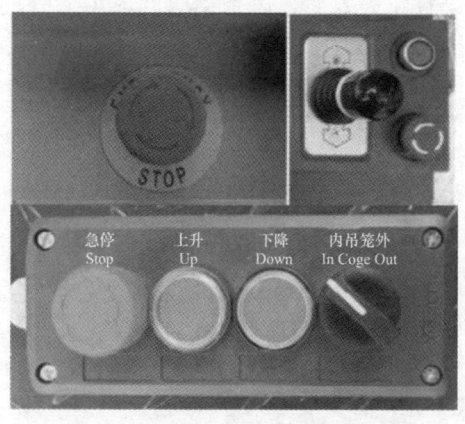

图 1-59　非自动复位型的急停开关

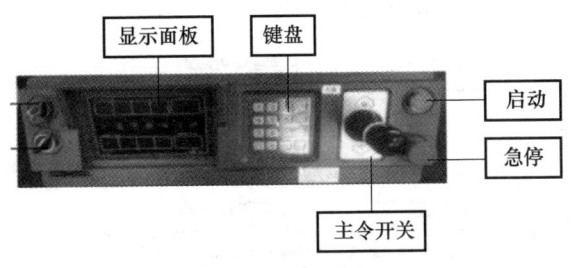

图 1-60 控制装置

(六) 超载检测装置

超载检测装置是用于施工升降机超载运行的安全装置，常用有电子传感器式、弹簧式和拉力环式三种。

1. 电子传感器超载检测装置

施工升降机常用的电子传感器式检测装置，其工作原理：当质量传感器得到吊笼内载荷变化而产生的微弱信号输入放大器后，经 A/D 转换器转换成数字信号，再将信号送到微处理器进行处理。其结果与所设定的动作点进行比较，如果通过所设定的动作点，则继电器分别工作；当载荷达到额定载荷的 90% 时，警示灯闪烁，报警器发出断续声响；当载荷接近或达到额定载荷的 110% 时，报警器发出连续声响，此时吊笼不能启动。检测装置由于采用了数字显示方式，既可实时显示吊笼内的载荷值变化情况，还能及时发现超载报警点的偏离情况，并进行调整。电子传感器超载检测装置如图 1-61 所示。

2. 弹簧式超载检测装置

弹簧式超载检测装置安装在地面转向滑轮上。如图 1-62 所示为弹簧式超载限制器结构示意图。超载检测装置由钢丝绳 1、地面转向滑轮 2、支架 3、弹簧 4 和行程开关 5 组成。当载荷达到额定载荷的 110% 时，行程开关被压动，断开控制电路，使施工升降机停机，起到超载检测作用。其特点是结构简单、成本低,但可靠性较差,易产生误动作。

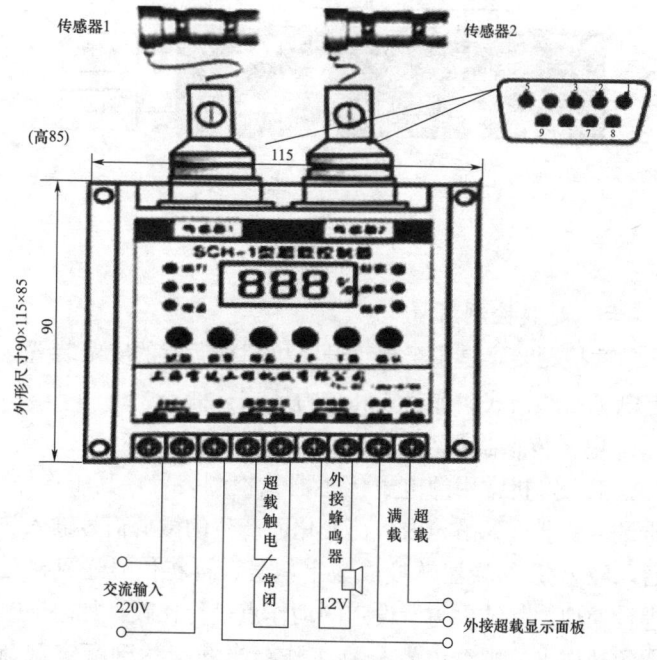

图 1-61 电子传感器超载检测装置

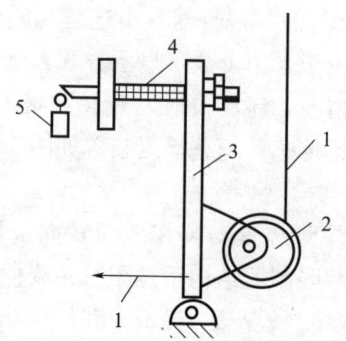

1—钢丝绳;2—转向滑轮;3—支架;4—弹簧;5—行程开关

图 1-62 弹簧式超载检测装置

3. 拉力环式超载检测装置

如图 1-63 与图 1-64 所示为拉力环式超载检测装置结构。该超载限制器由弹簧钢片 1，微动开关 2、4 和触发螺钉 3、5 组成。

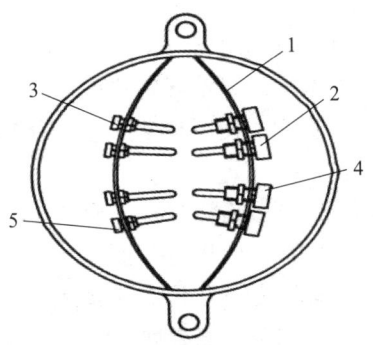

1—弹簧钢片；2、4—微动开关；3、5—触发螺钉

图 1-63　拉力环式超载检测装置示意图

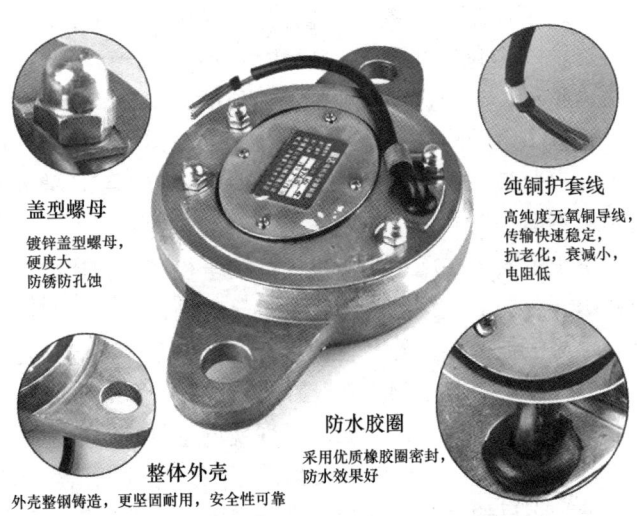

图 1-64　拉力环式超载检测装置实物图

使用时将两端串入施工升降机吊笼提升钢丝绳中，当受到吊笼载荷重力时，拉力环立即会变形，两块形变钢片立即会向中间挤压，带动装在上边的微动开关和触发螺钉。当受力达到报警限制值时，其中一个开关动作；当拉力环继续增大时，达到调节的超载限制值时，使另一个开关动作；断开电源，吊笼不能启动。

4. 超载检测装置的安全要求

(1) 超载检测装置的显示器要防止淋雨受潮。

(2) 在安装、拆卸、使用和维护过程中应避免对超载检测装置的冲击、振动。

(3) 使用前应对超载检测装置进行调整，使用中发现设定的限定值出现偏差时应及时进行调整。

(七) 施工升降机安全监控管理系统

随着电子信息技术的不断发展，施工升降机安全监控管理系统近几年已逐步投入使用。该系统高度整合了施工升降机上各类安全保护装置的功能，可实现双层安全保护，该系统集实时检测、记录存储、报警、智能控制于一体，为施工升降机操作人员提供安全保障，有效地预防各种危险源和控制违章操作，防止超员、超载、预防冲顶等事故的发生，同时使相关管理人员远程了解升降机的实时运行状态，实现对施工电梯的实时动态远程监控，极大地提升了安全监督管理水平，使安全管理达到"事前预防、事中控制、事后追溯"的效果。

该系统由安装在施工升降机内部安全检测仪和远程监测管理平台两部分构成，综合了精密测量、自动控制、无线网络传输与远程通信技术等多种高新技术，通过采集、存储和发送数据，能够全方位实时监测施工升降机的运行工况，在驾驶室显示屏上显示各类运行工作数据，实现现场运行状态数字化的实时监控，且在有危险源时及时发出警报和输出控制信号，并可全程记录升降机的运行数据和预报警。同时，通过无线传输将施工升降机运行工况数据和预警报警信息实时发送到监控平台,实现实时动态的远程监控、远程视频监控在线管理等功能,其主要的系统配置和安装位置如图 1-65 所示。

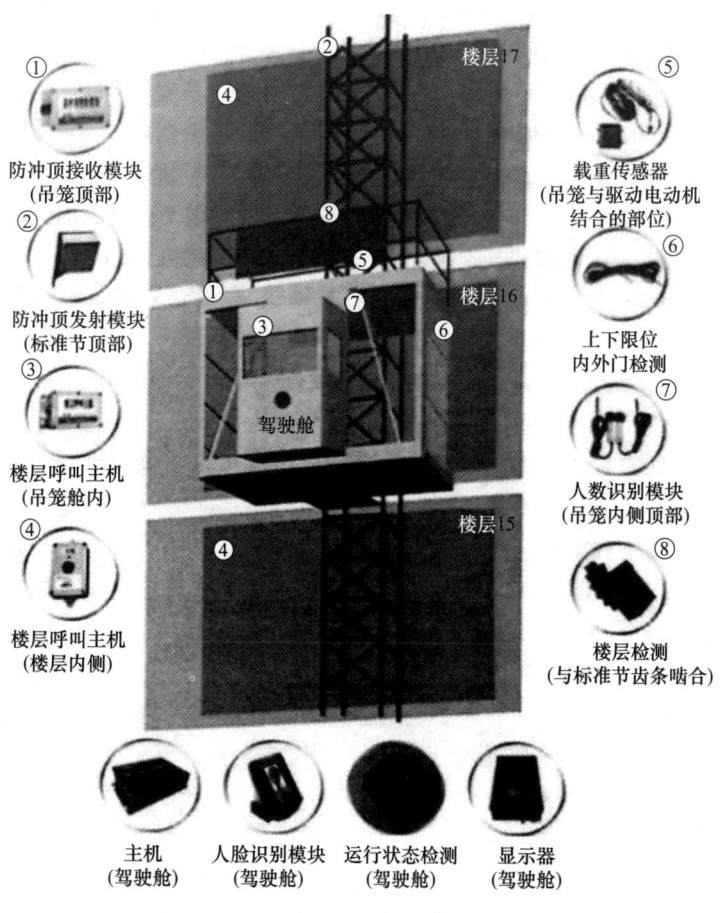

图 1-65　产品安装位置系统图

1. 监控管理系统的主要功能

(1) 实时显示和运行状态检测

实时检测并显示施工升降机的运行状态,包含有载重检测、人数检测、速度检测（防坠器）、倾斜度检测、高度限位检测、电压检测、防冲顶检测、门锁状态检测等，同时实现真人语音提醒。

整机载重超限检测：通过检测施工升降机吊笼内的载质量与系统内置的额定载质量进行对比，超出额定载质量时，监控将发出报警，同时切断施工升降机的运行动作，保护施工升降机安全运行。

司机人员身份识别：系统可支持司机人员的人脸识别、指纹识别、IC卡识别等，通过对施工升降机司机人员的录入管理，限定施工升降机必须由专业的升降机驾驶员驾驶，从而解决施工现场升降机的无证操作乱象，一台设备（即同一台升降机）支持多达5名驾驶员的信息管理。

（2）自动语音播报系统，在系统出现危险、电梯启动运行时、电梯达到目标层时均会自动发出语音播报系统，提醒司机和乘客。

（3）数据记录：实时运行数据记录、系统修改日志记录等"黑匣子"功能工作记录，报警统计，远程停机功能满足施工环境安全监控需求。

（4）远程监控：能够以无线方式与远程监控管理平台联网，通过远程监控管理平台对施工升降机运行工况参数实现远程实时动态监控和存储。

2. 监控管理系统的硬件配置

（1）信号检测采集设备

主要由高度传感器、质量传感器、倾角传感器、身份识别模块、监控摄像头等组成，用于施工升降机各类数据反馈信号的检测采集。

高度传感器：现自动平层功能，具有（速度）防坠、高度功能。

质量传感器：测量电梯载重，具有防超重功能（根据不同型号升降机，需配置不同尺寸质量传感器）。

身份识别模块：操作人员身份识别，可用人脸识别、指纹识别传感器及 IC 卡模块。

倾角传感器：施工升降机导轨架倾斜度，防倾翻。

监控摄像头：吊笼内视频监控。

（2）信号处理及显示系统

主要有 PLC 可编程逻辑控制器及触摸显示于一体的液晶显示屏组成，用于信号的处理分析及实时显示。

显示屏：显示施工升降机当前的起重量、起重百分比、当前时间以及远程监控的状态，如图 1-66 所示。

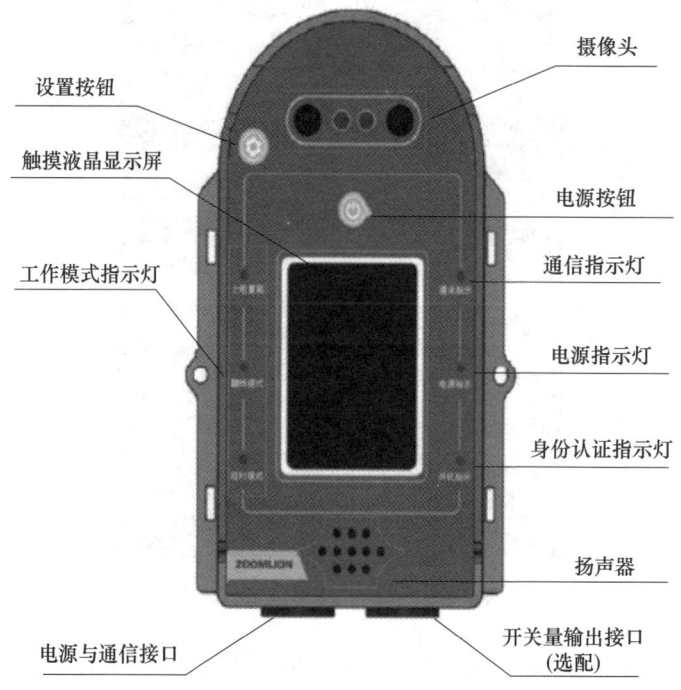

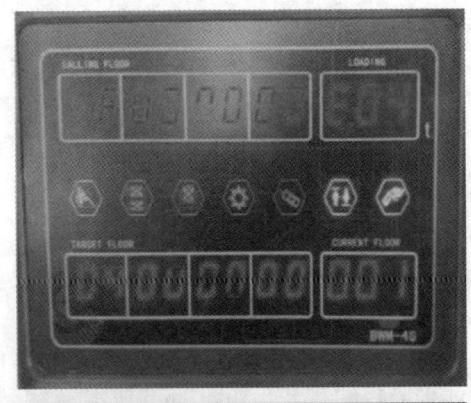
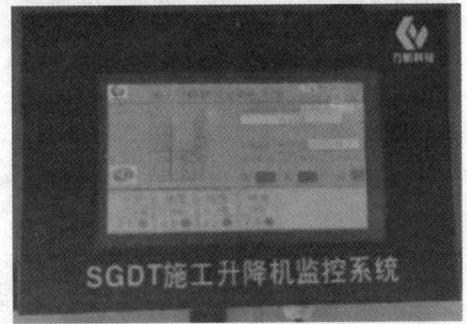
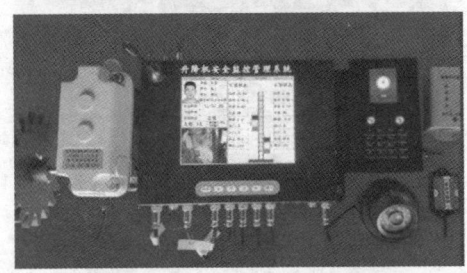

图1-66 实时监测显示运行状态

系统主机：系统参数采集、分析、存储以及系统安全报警。
UPS电源：不间断电源。
远程控制器：远程管理平台监控。

门锁检测功能：联锁检测报警。

（3）数据传输系统

借助通信网络实现数据的传输，在远程监控的终端通过网络实现远程查看施工升降机的运行参数，并实时针对各类违章信息进行预警显示，通过前端监控装置和后台管理系统无缝融合，可实时动态远程监控、远程报警。

第二章 施工升降机的安装与拆卸

第一节 施工升降机安装与拆卸的基本规定

一、施工升降机安装单位应具备建设行政主管部门颁发的起重设备安装工程专业承包资质和建筑施工企业安全生产许可证。

二、施工升降机安装、拆卸项目应配备与承担项目相适应的专业安装作业人员以及专业安装技术人员。施工升降机的安装拆卸工、电工、司机等应具有建筑施工特种作业操作资格证书。

三、施工升降机使用单位应与安装单位签订施工升降机安装、拆卸合同，明确双方的安全生产责任。实行施工总承包的，施工总承包单位应与安装单位签订施工升降机安装、拆卸工程安全协议书。

四、施工升降机应具有特种设备制造许可证、产品合格证、使用说明书、起重机械制造监督检验证书，并已在产权单位工商注册所在地县级以上建设行政主管部门备案登记。

五、施工升降机安装作业前，安装单位应编制施工升降机安装、拆卸工程专项施工方案，由安装单位技术负责人批准后报送施工总承包单位或使用单位、监理单位审核，并告知工程所在地县级以上建设行政主管部门。

六、施工升降机的类型、型号和数量应满足施工现场货物尺寸、运载质量、运载频率和使用高度等方面的要求。

七、当利用辅助起重设备安装、拆卸施工升降机时,应对辅助设备设置位置、锚固方法和基础承载能力等进行设计和验算。

八、施工升降机安装、拆卸工程专项施工方案应根据使用说明书的要求、作业场地及周边环境的实际情况、施工升降机使用要求等编制。当安装、拆卸过程中专项施工方案发生变更时,应按程序重新对方案进行审批,未经审批不得继续进行安装、拆卸作业。

九、施工升降机安装、拆卸工程专项施工方案应包括下列主要内容:

(一)工程概况;

(二)编制依据;

(三)作业人员组织和职责;

(四)施工升降机安装位置平面、立面图和安装作业范围平面图;

(五)施工升降机技术参数、主要零部件外形尺寸和质量;

(六)辅助起重设备种类、型号、性能及位置安排;

(七)吊索具的配置、安装与拆卸工具及仪器;

(八)安装、拆卸步骤与方法;

(九)安全技术措施;

(十)安全应急预案。

十、施工总承包单位进行的工作应包括下列内容:

(一)向安装单位提供拟安装设备位置的基础施工资料,确保施工升降机进场安装所需的施工条件;

(二)审核施工升降机特种设备制造许可证、产品合格证、起重机械制造监督检验证书、备案证明等文件;

(三)审核施工升降机安装单位、使用单位的资质证书、安全生产许可证和特种作业人员的特种作业操作资格证书;

（四）审核安装单位制定的施工升降机安装、拆卸工程专项施工方案；

（五）审核使用单位的施工升降机安全应急预案；

（六）指定专职安全生产管理人员监督检查施工升降机安装、使用、拆卸情况。

十一、监理单位进行的工作应包括下列内容：

（一）审核施工升降机特种设备制造许可证、产品合格证、起重机械制造监督检验证书、备案证明等文件；

（二）审核施工升降机安装单位、使用单位的资质证书、安全生产许可证和特种作业人员的特种作业操作资格证书；

（三）审核施工升降机安装、拆卸专项施工方案；

（四）监督安装单位对施工升降机安装、拆卸工程专项施工方案的执行情况；

（五）监督检查施工升降机的使用情况；

（六）发现存在生产安全事故隐患的，应要求安装单位、使用单位限期整改；对安装单位、使用单位拒不整改的，应及时向建设单位报告。

第二节　施工升降机的安装

一、安装条件

（一）施工升降机地基、基础应满足使用说明书的要求。对基础设置在地下室顶板、楼面或其他下部悬空结构上的施工升降机，应对基础支撑结构进行承载力验算。施工升降机安装前应按《建筑施工升降机安装、使用、拆卸安全技术规程》（JGJ 215—2010）附录 B 对基础进行验收，见表 2-1。验收合格后方能安装。

第二章 施工升降机的安装与拆卸

表 2-1 施工升降机基础验收表

工程名称		工程地址	
使用单位		安装单位	
设备型号		备案登记号	
序号	检查项目	检查结论（合格√/不合格×）	备注
1	地基承载力		
2	基础尺寸偏差（长×宽×厚）(mm)		
3	基础混凝土强度报告		
4	基础表面平整度		
5	基础顶部标高偏差（mm）		
6	预埋螺栓、预埋件位置偏差（mm）		
7	基础周边排水措施		
8	基础周边与架空输电线安全距离		
其他需说明的内容			
总承包单位		参加人员签字	
使用单位		参加人员签字	
安装单位		参加人员签字	
监理单位		参加人员签字	

验收结论：
施工总承包单位（盖章）：
　　年　月　日

（二）安装作业前，安装单位应根据施工升降机基础验收表、隐蔽工程验收单和混凝土强度报告等相关资料，确认所安装的施工升降机和辅助起重设备的基础、地基承载力、预埋件、基础排水措施等符合施工升降机安装、拆卸工程专项施工方案的要求。

1.施工升降机基础的制作可以是钢筋混凝土结构，也可以是钢结构。不同型号的施工升降机基础都有相应的要求。应根据使用说明书和工程施工要求进行选择和设计。施工升降机基础的制作要注意以下几个方面：

（1）施工升降机基础必须满足产品使用说明书要求，须能承受最不利于工作条件下的各种载荷（整机的质量和运行时产生的冲击载荷等）而不倾翻，设计计算时还要考虑当地的地貌和季风情况等。

（2）如果基础低于周边环境，应有排水措施，以保证基础不积水。基础设置在地下室、楼面或其他下部悬空结构上的，应对其支撑结构进行承载力计算。当支撑结构不能满足承载力要求时，应采取可靠的加固措施，经验收合格后方可安装。建筑工地通常采用在施工升降机的安装位置浇筑钢筋混凝土基础，并埋设基础座预埋件的方法。

（3）基础下面土壤的承载力一般应大于 0.15MPa。在混凝土基础浇筑过程中如果不是采用预留孔二次浇捣的，应在基础内预埋底脚架和预埋螺栓，底脚架预埋时应把底脚架的螺钩绑扎在基础钢筋上，底脚架四个螺栓应在同一个平面内，误差应控制在 1‰ 内，安装时按规定力矩拧紧，预埋件之间的中心距误差应控制在 5mm 之内。

2. 基础承载力 P 的计算

$$P = n \times G$$

式中　P——基础承载力；

　　　n——安全系数。考虑运行中的动载、风载及自重误差对基础的影响，取 $n=2$；

　　　G——吊笼自重（含驱动系统＋吊笼额定载重＋底架护栏自重＋导轨架自重＋附件质量＋附墙架质量＋对重自重）（kg）。

升降机基础及基础下的地面必须满足：

导轨架高度≤100m 时，承载能力＞0.10MPa；

100m＜导轨架高度≤300m 时，承载能力≥0.15MPa；

300m＜导轨架高度≤450m 时，承载能力＞0.20MPa

3. 混凝土基础设置的选型

混凝土基础的设置有三种方案可供选择，如图 2-1 所示。

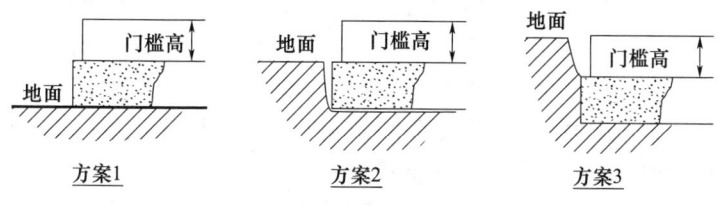

图 2-1 混凝土基础设置方案

（1）方案 1：混凝土基础设置在地面上。优点是不需要排水，缺点是门槛较高。

（2）方案 2：混凝土基础与地面齐平。优点是排水较简单，缺点是有门槛，但只需用木板搭一简单坡道。

（3）方案 3：混凝土基础低于地面。优点是地面与吊笼之间无门槛，缺点是非常容易积水，必须采取严格的排水措施，以免腐蚀升降机底架和围栏。用户应按照施工现场的实际情况进行综合决策来选择基础设置方案。基础施工时需预埋中间预埋框，以方便底架的安装。中间预埋框，如图 2-2 所示。

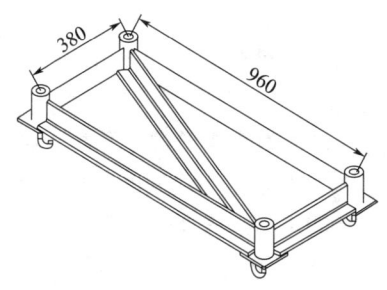

图 2-2 中间预埋框

（三）施工升降机安装前应对各部件进行检查。对有可见裂纹的构件应进行修复或更换，对有严重锈蚀、严重磨损、整体或局部变形的构件必须进行更换，符合产品标准的有关规定后方能进行安装。

（四）安装作业前，应对辅助起重设备和其他安装辅助用具的机械性能和安全性能进行检查，合格后方能投入作业。

（五）安装作业前，安装技术人员应根据施工升降机安装、拆卸工程专项施工方案和使用说明书的要求，对安装作业人员进行安全技术交底，并由安装作业人员在交底书上签字。在施工期间内，交底书应留存备查。

（六）有下列情况之一的施工升降机不得安装使用：

1. 属国家明令淘汰或禁止使用的；
2. 超过由安全技术标准或制造厂家规定使用年限的；
3. 经检验达不到安全技术标准规定的；
4. 无完整安全技术档案的；
5. 无齐全有效的安全保护装置的。

（七）施工升降机必须安装防坠安全器。防坠安全器应在一年有效标定期内使用。

（八）施工升降机应安装超载保护装置。超载保护装置在载荷达到额定载质量的110%前应能中止吊笼启动，在齿轮齿条式载人施工升降机载荷达到额定载质量的90%时应能给出报警信号。

（九）附墙架附着点处的建筑结构承载力应满足施工升降机使用说明书的要求。

（十）施工升降机的附墙架形式、附着高度、垂直间距、附着点水平距离、附墙架与水平面之间的夹角、导轨架自由端高度和导轨架与主体结构间水平距离等均应符合使用说明书的要求。

（十一）当附墙架不能满足施工现场要求时，应对附墙架另行设计。附墙架的设计应满足构件刚度、强度、稳定性等要求，制作应满足设计要求。

（十二）在施工升降机使用期限内，非标准构件的设计计算书、图纸、施工升降机安装工程专项施工方案及相关资料应在工地存档。

(十三) 基础预埋件、连接构件的设计、制作应符合使用说明书的要求。

(十四) 安装前应做好施工升降机的保养工作。

二、安装作业

(一) 安装要求

1. 安装作业人员应按施工安全技术交底内容进行作业。

2. 安装单位的专业技术人员、专职安全生产管理人员应进行现场监督。

3. 施工升降机的安装作业范围应设置警戒线及明显的警示标志。非作业人员不得进入警戒范围。任何人不得在悬吊物下方行走或停留。

4. 进入现场的安装作业人员应佩戴安全防护用品,高处作业人员应系安全带,穿防滑鞋。作业人员严禁酒后作业。

5. 安装作业中应统一指挥,明确分工。危险部位安装时应采取可靠的防护措施。当指挥信号传递困难时,应使用对讲机等通信工具进行指挥。

6. 当遇大雨、大雪、大雾或风速大于13m/s (六级风) 等恶劣天气时,应停止安装作业。

7. 电气设备安装应按施工升降机使用说明书的规定进行,安装用电应符合现行行业标准《施工现场临时用电安全技术规范》(JGJ 46—2005) 的规定。

8. 施工升降机金属结构和电气设备金属外壳均应接地,接地电阻不应大于 4Ω。

9. 安装时应确保施工升降机运行通道内无障碍物。

10. 安装作业时必须将按钮盒或操作盒移至吊笼顶部操作。当导轨架或附墙架上有人员作业时,严禁开动施工升降机。

11. 传递工具或器材不得采用投掷的方式。

12. 在吊笼顶部作业前应确保吊笼顶部护栏齐全完好。

13. 吊笼顶上所有的零件和工具应放置平稳，不得超出安全护栏。

14. 安装作业过程中安装作业人员和工具等总载荷不得超过施工升降机的额定安装载质量。

15. 当安装吊杆上有悬挂物时，严禁开动施工升降机。严禁超载使用安装吊杆。

16. 层站应为独立受力体系，不得搭设在施工升降机附墙架的立杆上。

17. 当需安装导轨架加厚标准节时，应确保普通标准节和加厚标准节的安装部位正确，不得用普通标准节替代加厚标准节。

18. 导轨架安装时，应对施工升降机导轨架的垂直度进行测量校准。施工升降机导轨架安装垂直度偏差应符合使用说明书和表1-1的规定。

19. 接高导轨架标准节时，应按使用说明书的规定进行附墙连接。

20. 每次加节完毕后，应对施工升降机导轨架的垂直度进行校正，且应按规定及时重新设置行程限位和极限限位，经验收合格后方能运行。

21. 连接件和连接件之间的防松防脱件应符合使用说明书的规定，不得用其他物件代替。对有预紧力要求的连接螺栓应使用扭力扳手或专用工具，按规定的拧紧次序将螺栓准确地紧固到规定的扭矩值。安装标准节连接螺栓时，宜螺杆在下，螺母在上。

22. 施工升降机最外侧边缘与外面架空输电线路的边线之间应保持安全操作距离。最小安全操作距离应符合表2-2的规定。

表2-2 最小安全操作距离

外电线电路电压（kV）	<1	1~10	35~110	220	330~500
最小安全操作距离（m）	4	6	8	10	15

23. 当发现故障或危及安全的情况时应立刻停止安装作业,采取必要的安全防护措施,应设置警示标志并报告技术负责人。在故障或危险情况未排除之前,不得继续安装作业。

24. 当遇意外情况不能继续安装作业时,应使已安装的部件达到稳定状态并固定牢靠,经确认合格后方能停止作业。作业人员下班离岗时应采取必要的防护措施,并应设置明显的警示标志。

25. 安装完毕后应拆除为施工升降机安装作业而设置的所有临时设施,清理施工场地上作业时所用的索具、工具、辅助用具、各种零配件和杂物等。

(二) 安装与调试

1. 安装前的准备工作

为保证快捷、安全地进行施工升降机安装全过程作业,人员在安装前必须做好下列准备工作:

(1) 施工升降机的安装地点满足相关安全标准、规范所规定的要求,且已经经过相关机构检测,并获得检测合格许可证。

(2) 施工升降机安装现场有供电、照明、辅助起重设备和其他必需的工具和器具;道路和场地满足运输、周转和停放施工升降机各部件的需要。

(3) 安装所用的附墙架预埋件及相关的标准件应由施工升降机制造方提供。

(4) 对施工升降机主要受力部件如导轨架标准节、吊笼和传动板等进行外观检查。如发现在仓储和运输中发生碰撞变形等损伤,应向设备主管人员报告,采取修复或更换的办法予以解决。

(5) 按有关规定要求,施工升降机设置保护接地装置,其接地电阻$\leqslant 4\Omega$。

(6) 现场供电箱应与施工升降机底架护栏上的下电箱的距离尽可能短,一般不应超过 20m。每个吊笼配备一根 $3\times25+2\times10$ 的铜线电缆连接。如距离过大,应加大电缆截面面积,以确保供电质量。

（7）对不是第一次安装使用的施工升降机，应根据维修保养的有关规定进行转场维修保养处置，确保所有零部件性能良好。即对所有结构件进行变形、损伤检查，对需要修理及更换的零部件进行处置。

（8）应事先准备好 2～3 套附墙架、电缆导向装置以及相关的各种连接件和标准件。

（9）当现场有其他起重设备（如塔式起重机、汽车吊等）协助安装时，可在地面上将 4～6 个导轨架标准节事先用 M24×230 的专用螺栓组装好。组装时应清除干净标准节主弦杆接口及齿条两端的泥土杂物，并在主弦杆接口处涂抹润滑脂。

（10）准备好必要的辅助设备：5t 或以上的汽车吊（现场可利用塔式起重机）一台、经纬仪一台。

（11）其他：

1）混凝土基础达到要求，若干 2～12mm 厚的钢垫片（垫入底架下以调整导轨架的垂直度）。

2）按要求配备的专用电源箱、连接该电源箱和升降机下电箱的电缆。

3）一套安装工具，如图 2-3 所示。

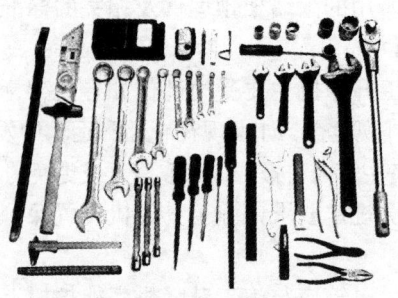

图 2-3　安装工具

2. 安装底架、下部标准节和护栏

（1）将基础表面清扫干净。

(2) 确定升降机安装的位置和方向,将主底架放在混凝土基础的安装框上,用水平尺找平底架平面,然后用 M30×180 的专用螺栓将底架连接在预埋框上(暂不拧紧),如图 2-4 所示。

(3) 安装第一个标准节(不带齿条)。安装前将标准节四根主弦杆管子两端接头处擦拭干净,涂抹少量润滑脂。

(4) 用同样的方法安装 3~4 个标准节。安装时应注意齿条的方向,将齿条两端的定位销或销孔擦拭干净并涂抹少量润滑脂。用钢垫片插入底架和混凝土基础之间,如图 2-4 所示的位置,以调整底架的水平度(水平仪校正),再用经纬仪或线坠测量并调整导轨架的垂直度,保证每根立管在两个相邻方向的垂直度≤1/1500。最后用 600N·m 的预紧力拧紧底架与预埋框之间的连接螺栓。

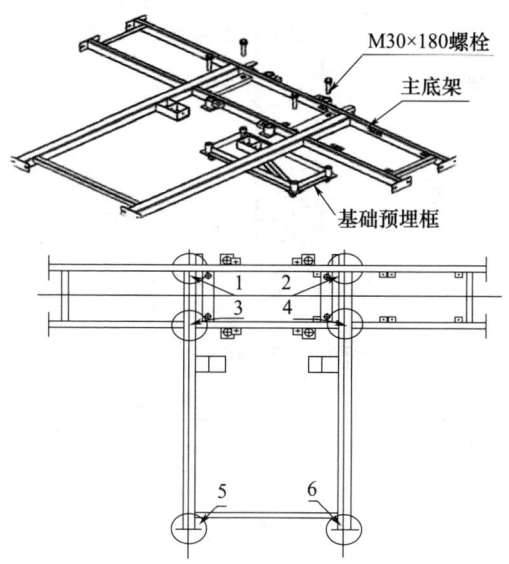

图 2-4 螺栓及钢垫片位置图

注意：

1）标准节连接螺栓在连接时螺栓丝杆向上，可以起到螺母脱落预警作用。

2）齿条连接时应正确插入定位销。

3）导轨架垂直度的调节可能需要反复几次才能达到要求。

4）用M16的螺栓将主底架和辅底架连接起来，如图2-5所示。用同样的方法用垫片垫实副底架。

5）将四个缓冲弹簧用螺栓安装在缓冲座上。

6）将护栏中的后护栏、侧护栏、门框架、中间盒体（电箱用）分别用M10的螺栓与底架相连，暂不拧紧，如图2-6所示。

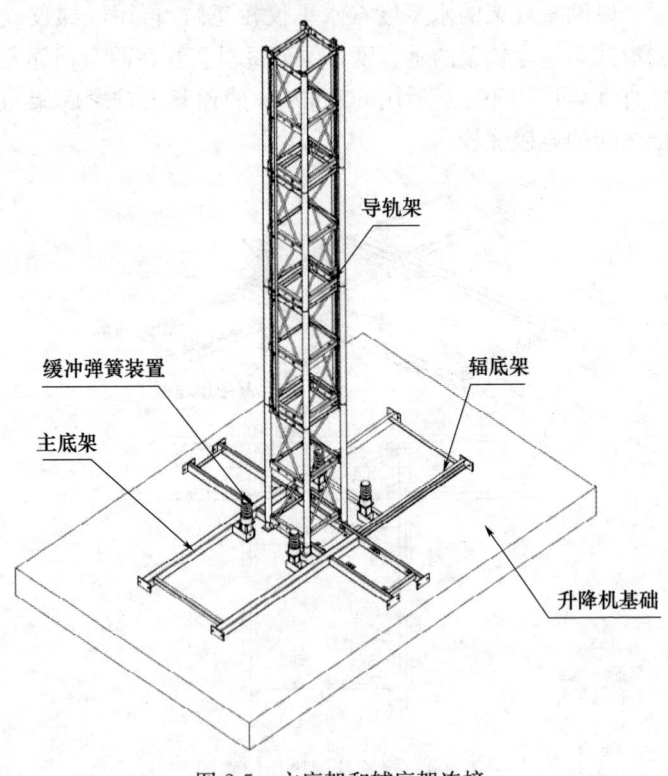

图 2-5　主底架和辅底架连接

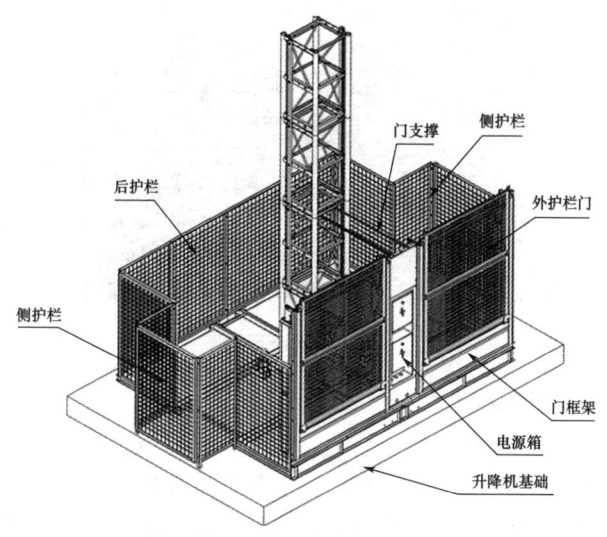

图 2-6 护栏各部件连接

(5) 安装门支承,调节门框架的垂直度,使门框架的垂直度在两个相近方向≤1/1000;调节后检查护栏、侧护栏的垂直度,并拧紧所有连接螺栓。

(6) 安装外护栏门、门配重滑道及门配重。

(7) 安装吊笼门碰铁及外护栏门锁,调节门锁与外护栏门的距离,使门锁能锁住外护栏门。

(8) 将电箱安装在护栏中间盒体上。

3. 安装吊笼、驱动系统及笼顶吊杆

(1) 在底架上放置一根枕木或槽钢、工字钢等型钢,高度应大于弹簧缓冲装置。

(2) 导轨架顶部站立一安装人员,指挥和引导吊笼的对准,如图 2-7 所示。用起重设备将吊笼从导轨架顶部缓慢放下,停放在事先准备好的枕木或型钢上。

图 2-7　导轨架顶部站立一人

（3）用同样的方法吊装另一吊笼。

（4）吊装驱动系统。首先，松开驱动系统上三个电机的制动器，方法是：旋进制动器上的两个调整螺母，如图 2-8 所示。务必使两个螺母平行旋进，直到制动器松开，可以随意拨动制动盘为止。然后，用起重设备将驱动系统从吊笼顶部缓慢放下，当其连接耳板距离吊笼连接耳板约 400mm 时，旋出各电机制动器调节螺母使制动器复位。

图 2-8　电机制动器

（5）用同样的方法吊装另一个驱动系统。

（6）安装左右吊笼笼顶护栏，用螺栓将各护栏连接紧固。

注意：有挡板的一端安装在吊笼内侧，如图 2-9 所示。

(7) 在地面组装笼顶吊杆,用起重设备将吊杆吊装到位并插入吊杆孔。安装好的吊杆应转动灵活。

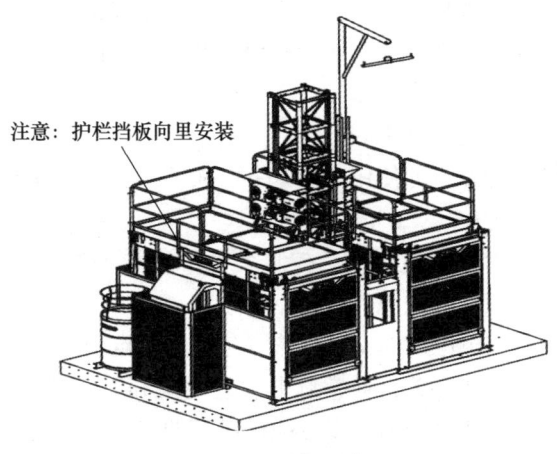

图 2-9　吊杆组装

4. 安装对重装置

如施工升降机有对重,必须在导轨架加高前将对重装置在导轨架上吊装就位。

(1) 在对重正下方安装好对重缓冲弹簧装置。

(2) 用起重设备将对重装置吊起,从对重导轨的上方正确地将导向滚轮对准插入导轨,使对重装置平稳地停靠在垫木上。如为单笼升降机,则对重装置以吊笼对面的导轨架立管为导轨。

(3) 调整对重装置的上下各四件导向滚轮的偏向轴,使各对导向滚轮与立柱管的总间隙为 0.5mm。

5. 导轨架安装

将导轨架加高到 10.5m,安装好一个附墙架后再次加高到 15m。

(1) 在地面上用 M24×230 专用螺栓组装好三个标准节,

预紧力为 300N·m，然后用起重设备将其吊装到已安装好的标准节上，注意事项同前。

（2）导轨架加高到 10.5m 后，在离地面 9m 处设置第一道附墙架，并用经纬仪或其他检测仪器和工具在两个垂直方向检测导轨架整体的垂直度≤5mm。

（3）继续加高到 15m。

如施工升降机的使用高度超过 150m，下部标准节主弦杆采用加厚钢管。

6．安装临时供电电缆、控制系统和超载保护器

（1）安装临时电缆

升降机供电电缆的安装方法（包括临时电缆）与采用的电缆运行装置形式有关，通常有电缆卷筒式和电缆滑车式两种，其中电缆滑车式又分为一根电缆供电和两根电缆供电。

首先，用工地自备电缆（25mm² 铜芯）连接工地供电箱和底架护栏上的下电箱。然后将随行的主电缆两端分别接到吊笼接线盒（电铃盒）和下电箱。

有如下几种情况：

如果是电缆卷筒式，则直接按电缆导向装置的安装方法将电缆均匀盘卷在电缆卷筒内，然后从电缆卷筒口和筒底拉出电缆，筒口端接吊笼接线盒，筒底端接下电箱，不能接反。

如为电缆滑车式，则又分两种情况，如果为一根电缆供电，则直接按上述步骤进行接线；如果为两根电缆供电（电缆截面一大一小，截面大的为固定在导轨架上的固定电缆，截面小的为随电缆滑车一起上、下运行的随行电缆），则取随行电缆执行上面步骤。

（2）电控系统接线

将驱动系统电机线接入吊笼内的上电箱相应位置，把笼顶操作盒的七芯航空插头插入上电箱的相应插座

注意：正常运行时，也不能取下笼顶操作盒。

（3）驱动系统的点动试车

接通底架护栏上、下电箱的电源开关，关好护栏门和天窗门，在笼顶用笼顶操作盒进行操作，将操作盒上的转换开关拨到"笼外"位，点动上升按钮检查接入电源相序是否正确。

（4）检查各安全控制开关

包括吊笼门限位开关、天窗门限位开关、上下限位开关、极限开关、底架护栏门限位开关及断绳保护开关（仅限有对重）。

（5）检查接地

用接地电阻测试表测量升降机钢结构及电气设备金属外壳（均应接地）的接地电阻应不大于 4Ω。用 500V 兆欧表测量电机和电气元件的对地绝缘电阻应不小于 $1M\Omega$。

注意：进行所有接线时必须切断电源！电缆不得扭结和打扣。

（6）安装超载保护器

在笼顶利用操作盒操作驱动系统上、下，对接传动小车与吊笼的连接耳板，穿上超载传感销，插上开口销，将开口销张开至要求状态。然后将传感销的接线端与超载主机接线端连接

注意：安装超载传感销不能使用铁锤敲打，只允许用橡胶锤敲击。安装时，超载传感器箭头方向必须朝下。

（7）对超载保护器进行设定

快速设定方法如下：

1）接通施工升降机电源。

2）长按键（"长按"指按该键 3s 以上），采用↓输入密码 123123（为出厂原始密码，可参照超载保护器说明书更改）。

3）长按键进入主菜单，使用↓将光标移动到"称重校准"单；短按确定键，屏幕显示"质量值＝0000kg 水"，确认吊笼内无荷载后，长按键，"嘀"声后，屏幕显示"质量值＝0000kg"；把重物搬进吊笼内（质量最好在额定载质量的 50%以上）；利用↑↓键将"质量值＝0000kg"中的数值修改为搬

进吊笼内重物的实际质量值,短按键两次,返回显示主界面,称重校准完成,可以投入运行。

如需进行其他参数设置,可参考超载保护器使用说明书。

注意:必须在连接超载传感销插头后,方可接通电源,否则可能误报警。

7. 安装下限位碰铁及电力驱动升降试车

(1) 安装下限位碰铁

升降机装载额定载质量,在吊笼内操作,将吊笼开到笼底与护栏门槛平齐时按下急停按钮;用钩形螺栓将下限位碰铁和极限开关碰铁安装在导轨架标准节的框架上,如图2-10所示。

注意:极限开关碰铁的安装位置必须保证吊笼底部弹簧缓冲器之前动作。

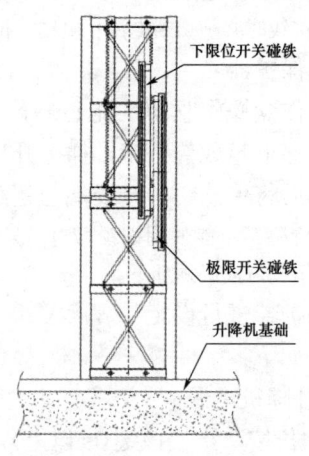

图 2-10 下限位及极限开关

(2) 电力驱动升降试车

吊笼空载,接通电源,由专职驾驶员在笼顶小心操作笼顶操作盒,使吊笼沿导轨架上、下运行数次,行程高度不得大于5m。要求吊笼运行平稳、无跳动和无异响等故障,制动器工

作正常,同时对下列间隙进行检查:

1) 齿轮与齿条的啮合间隙为 0.2~0.5mm;
2) 导轮与齿条背面的间隙为 0.5mm;
3) 各滚轮与标准节立管的间隙为 0.5mm。

空载试车正常后,在吊笼内加载额定载质量的物品进行带载运行试车。除上述空载试车的检查内容外,还应检查电机和减速机的发热情况。

注意:
1) 导轨架顶部尚未安装上限位挡板,因此试车时务必小心谨慎;
2) 检查前,必须按下急停按钮或将电源关闭,以防误操作;
3) 每一工作循环试车不少于两次。

8. 整机调试

施工升降机主机就位后(导轨架高度在 15m 以内),可进行通电试运转检查。检查前,应确认施工现场供给电源的电压和功率应满足;漏电保护装置应灵敏、可靠;吊笼内的电动机运转方向及启、制动应正常、有效;电源相位保护、电源极限、上下限位、各门限位以及紧急断电等开关均应灵敏、可靠。

整机调试包括如下内容:

(1) 调整滚轮间隙

调整驱动系统及吊笼滚轮与标准节立管之间的间隙为 0.5mm,如图 2-11 所示。

(2) 调整驱动齿轮与齿条的啮合间隙

升降机上与齿条相啮合的各齿轮,应将其啮合间隙调整为 0.2~0.5mm,如图 2-11 所示。

(3) 调整背轮与齿条的间隙

施工升降机上的各背轮,应相对于齿条背面中心做对称设置,与齿条背面的安装间隙应调整为 0.5mm,如图 2-11 所示。

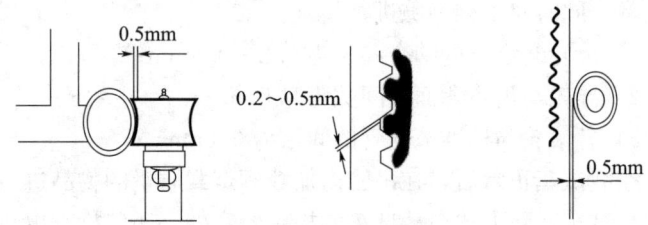

图 2-11 齿轮间隙

(4) 电缆滑车的调整

在地面调整电缆滑车导向轮对应轨道的工作间隙为 0.5mm，保证用手推拉电缆滑车运行灵活，无阻滞现象。

注意：在吊笼底进行安装调试作业时，必须事先断开主电源，笼底用结实的物体支撑住，以免吊笼下滑发生安全事故。

(5) 调整上、下限位碰铁

调整上限位开关碰铁：在吊笼顶部操作。当吊笼底板与最高层楼平台齐平时，按下急停按钮，然后安装上限位开关碰铁，使碰铁与上限位挡板接触。复位急停开关，下行吊笼再上行，检查上限位开关是否灵敏、可靠。

调整下限位开关碰铁：在吊笼内操作。当满载后的升降机吊笼运行到与底架护栏门槛齐平时，按下急停按钮。安装下限位开关碰铁，使碰铁与下限位挡板接触。复位急停开关，上行吊笼再下行，检查下限位开关是否灵敏、可靠。

9. 坠落试验

坠落试验的目的是检验防坠安全器是否灵敏和可靠。

(1) 防坠安全器使用要求

1) 防坠安全器出厂时均已经调整好并铅封，不得随意拆开。

2) 坠落试验时，如安全器不能正常工作（不能在规定距离内制动），应查明原因进行处理（包括由具有相应资质的人员进行调整和更换）。

3) 如安全器出现零件损坏等异常现象，应立即停止使用，及时更换,绝不容许带病运行或缺失运行。

4)安全器动作后,必须按照规定进行调整使其复原,安全器未复原或复原不正常时,不允许启动升降机。

5)不得向安全器内注入任何油性物质,包括润滑油。

(2)坠落试验说明

1)首次安装使用、转移工地重新安装以及大修后的升降机必须进行一次坠落试验。升降机正常运行期间,每隔三个月定期进行一次坠落试验(或按当地主管部门有关规定执行)。

2)根据国家标准,安全器出厂一年后(按标牌或试验报告上标注的日期起算)必须送厂检测(包括一年内未曾使用过),且在使用过程中每年必须送厂检验。经检验合格后,方可继续使用。

3)防坠安全器的寿命为5年。

(3)坠落试验方法

1)导轨架加高到15m,在9m处安装一道附墙架。

2)吊笼内装载额定质量。

3)切断护栏处下电箱的总电源,用试验电缆短接防坠安全器的微动开关,并按图2-12所示将坠落试验盒的五芯航空插头插入上电箱内的接口上。

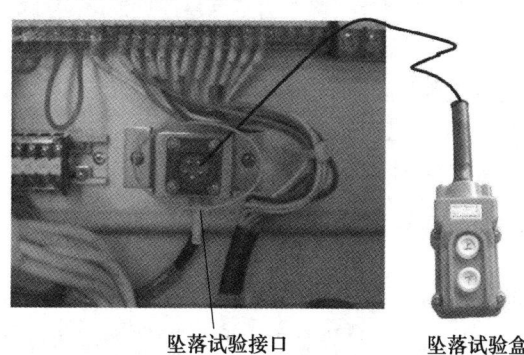

图 2-12 坠落试验

1)将试验按钮盒穿过吊笼门放到地面,关闭所有吊笼门。

注意:一定要确保坠落试验时,电缆不会被卡住。

2)合上总电源开关,按坠落试验按钮盒上的"上行"按钮,使吊笼运行,驱动系统上升到距地面10m左右。

注意:驱动系统不要"冒顶"。

3)按钮盒上的"坠落"按钮不要松开,吊笼将自由坠落,坠落一段距离后,防坠安全器动作将吊笼锁住。正常情况下吊笼的制动距离为0.14~1.4m(制动距离应从听见"哐啷"声音后起算)。吊笼制动的同时,通过机电连锁切断电源。

注意:坠落试验时,吊笼上不允许有人。

如果吊笼自由下落距地面3m左右仍未停止,应立即松开按钮使吊笼停止,然后点动"坠落"按钮,使吊笼缓缓落到地面并查清原因。

如发现试验情况异常(如制动距离超长),应与供货商联系。

1)按试验盒上的"上行"按钮,使吊笼上升0.2m左右。然后使防坠安全器离心块复位。

2)点动"坠落"按钮,使吊笼缓缓降落到地面,拆除试验电缆和坠落试验盒,按复位按钮进行复位。

注意:每次点动使吊笼下降距离不可超过0.2m,否则防坠安全器将再次动作。

做完坠落试验后,必须拆除试验电缆。

10. 导轨架的加高和上部限位碰铁安装

(1)导轨架的加高

在完成上述安装调试和坠落试验且验收合格后方可加高导轨架。

加高前的准备工作:

1)升降机不同的安装高度(H)配置的标准节,其主弦管的壁厚不同。不同壁厚主弦管的标准节之间必须设置转换节,加高时应按图 2-13 所示进行配置和准备。

例如,根据图 2-13 所示,导轨架的安装高度为 450m 时,其配置情况如下:

76×4.5,安装高度 140m 共 93 节;

76×6.0,安装高度 120m 共 80 节(含 1 节转换节);

76×8.0,安装高度 120m 共 80 节(含 1 节转换节);

76×10.0,安装高度 450－140－120－120＝70m,共 46 节(含 1 节转换节)。

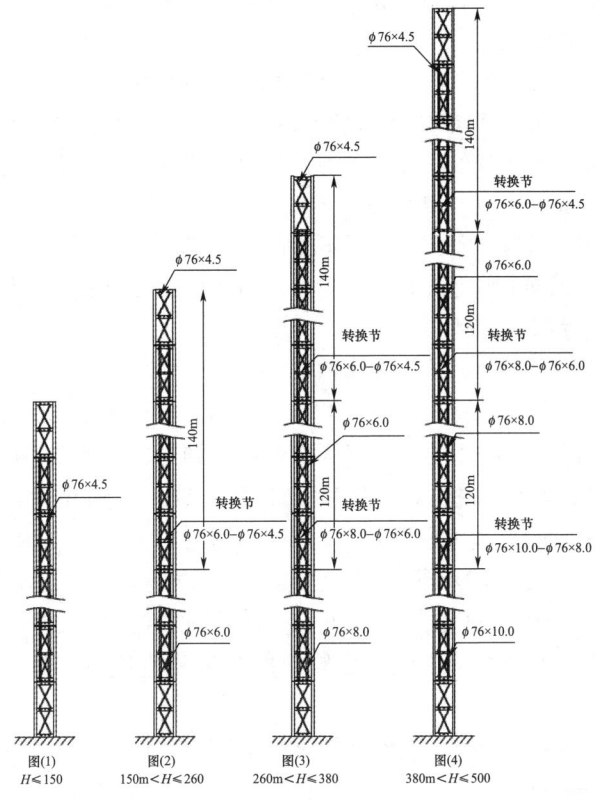

图 2-13 不同壁厚主弦管标准节配置

2）将待安装的标准节以及随同安装的附墙架和电缆导向装置等部件整齐摆放在围栏旁的地面上。地面应干燥、坚实、平整。

（2）加高安装

1）将吊笼降至地面，把顶部的吊杆电源插头插入司机室内的插座上。启动吊杆小卷扬机放下吊杆吊钩，钩住标准节吊具。

2）启动吊杆小卷扬机，用标准节吊具钩住一个标准节，带定位锥套的一端应朝下。起吊标准节，将标准节吊到吊笼顶部并放平稳。

注意：每次在吊笼顶部最多允许摆放三个标准节。

3）在吊笼顶部操作启动升降机。当驱动系统最顶端接近导轨架顶部时停车，改用点动方式直到驱动系统顶端距导轨架顶端约 300mm 左右时停止。

注意：吊笼运行时，吊杆上不准吊挂标准节。

吊笼顶部作业人员在吊笼运行时要特别注意安全，防止与附墙架等部件相碰。

4）按下急停按钮，以防意外。

5）用吊钩吊起一个标准节，在标准节主弦管接口锥面上涂抹润滑脂。启动卷扬机将标准节提升到导轨架顶端高度并对准，然后下放并检查二者对接是否正确。一切正常后，用 300N·m 的拧紧力紧固好全部连接螺栓。

6）重复上述步骤，将导轨架加高到所需要的安装高度。

7）导轨架每加高 10m 应使用经纬仪或其他检测仪器在两个垂直方向上检查一次导轨架的整体垂直度，其偏差要求见表 2-3。

标准节对接时，应保证上下标准节主弦杆对接处的错位阶差≤0.5mm。

注意：在导轨架加高的同时，应按要求安装附墙架。

对无配重施工升降机,加高完了后顶部标准节四根主弦管上口必须装上橡胶密封顶套。

施工现场如有合适的起重设备,可先在地面将3~4节标准节拼装好,由起重设备直接吊装到导轨架顶部进行安装。

(3) 上部限位碰铁安装

导轨架加高前,应将上限位碰铁拆下。导轨架加高完成后,需在新的高度位置重新安装上限位碰铁,如图2-14所示。

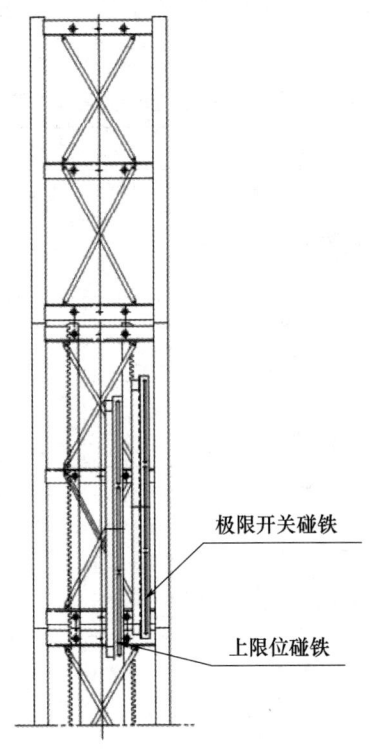

图 2-14 上限位及极限开关

导轨架加高完成后,向上运行施工升降机。当吊笼底板与最高层登楼平台平齐时,按下急停按钮,在限位开关的对应位置分别将上限位开关碰铁和极限开关碰铁用钩形螺栓固定在标准节方框上。极限开关碰铁的安装位置为：吊笼上行，上限位开关动作后吊笼制动停下，此时极限开关的臂杆与极限开关碰铁下端距离为150mm。

11. 安装附墙架

（1）附墙架间距和导轨架最大悬臂端高度的规定

附墙架的安装应与导轨架的加高安装同步进行；附墙架间距和导轨架最大自由端高度必须符合表2-3及图2-15、图2-16规定。

表2-3　附墙架最大附着间距 L_1 和最大悬臂端高度 L_2 配置表

项目类型		附墙类型				
		Ⅰ型	Ⅱ型	Ⅲ型	Ⅳ型	Ⅴ型
附墙架最大附着间距 L_1（m）	导轨架高度＜100m	9	10.5	10.5	10.5	10.5
	100＜导轨架高度＜150m	9	9	9	9	9
	150＜导轨架高度＜300m	—	9	—	9	9
	导轨架高度＞300	—	7.5	—	—	—
最大悬臂间高度 L_2（m）	150＜导轨架高度＜300m	7.5	7.5	7.5	7.5	7.5
	100＜导轨架高度＜150m	6	7.5	7.5	7.5	7.5
	150＜导轨架高度＜300m	—	7.5	—	7.5	7.5
	导轨架高度＞300	—	6.5	—	—	—

第二章　施工升降机的安装与拆卸

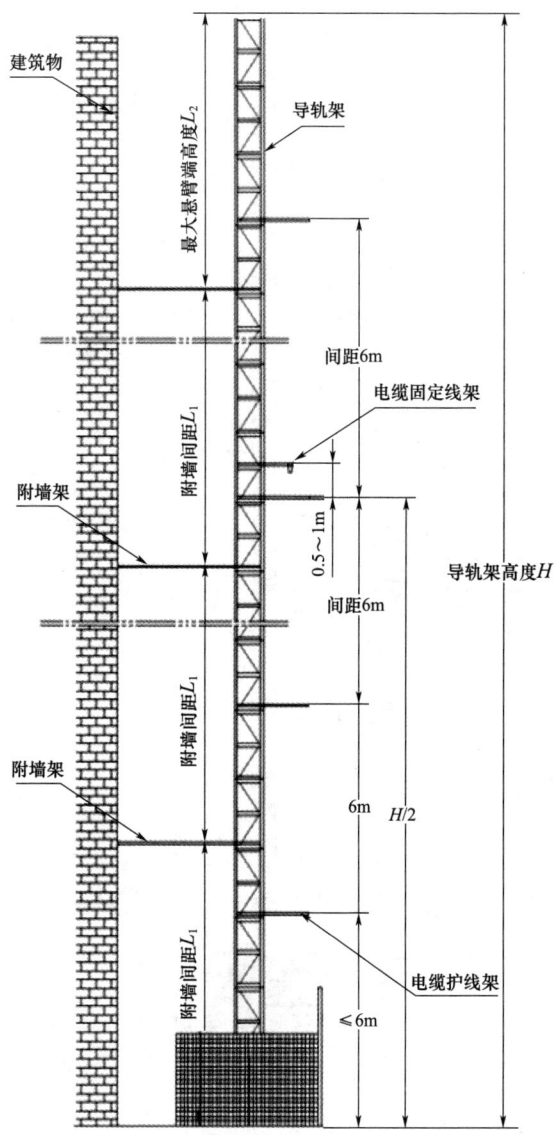

图 2-15　Ⅰ型、Ⅱ型、Ⅳ型附墙架及电缆护线架安装示意图

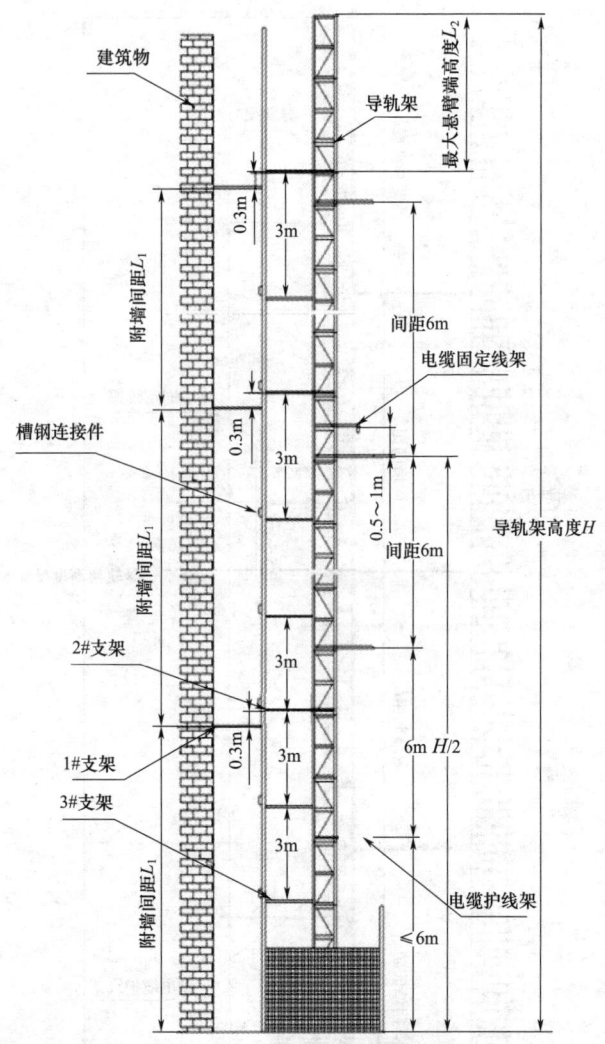

图 2-16 Ⅲ型附墙架及电缆护线架安装示意图

安装说明如下:

1) 第1号附墙架距地面最大距离为10.5m。

2) 导轨架安装高度超过150m时,不宜采用Ⅲ型附墙架。

3) 电缆卷筒式的附墙架的安装间距和最大悬臂高度与电缆滑车式相同。

(2) 附墙架对墙体的作用力 F

升降机导轨架由附墙架与墙体连接后,升降机的部分运行荷载通过附墙架传递给墙体,因此墙体及其与附墙架的连接件必须具有一定的承载能力。用户除了按此要求准备一定的预埋件、连接件和连接螺栓外,还要对附着点处的墙体或梁、柱进行受力校核,以确保升降机附着的安全、可靠。

附墙架对墙体的作用力(垂直墙体方向)F按如下公式计算:

$$F = L \times 60/B \times 2.05 \text{ (kN)}$$

式中 B——附墙宽度(mm);

L——导架中心与墙面间的垂直距离(mm)。

墙体和连接件的承载能力必须大于计算值。

(3) 附墙架与墙体的连接方式

1) 附墙架与墙体的连接有多种形式,根据现场情况按需选择。其所需零件和连接螺栓(可选用8.8级M24的螺栓)强度必须满足要求。附墙架与墙体的连接如图2-17所示。

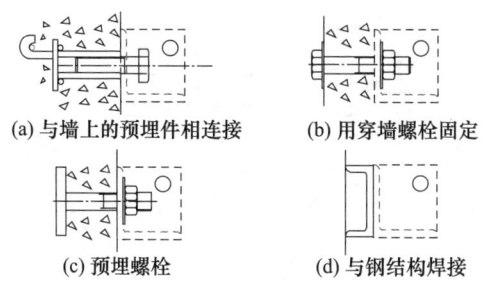

(a) 与墙上的预埋件相连接　(b) 用穿墙螺栓固定
(c) 预埋螺栓　(d) 与钢结构焊接

图2-17　附墙架与墙体的连接

2) 附墙架与墙体严禁采用膨胀螺栓连接。如现场安装情况特殊,应与供货商联系。

(4) 附墙架的安装

安装附墙架时,必须始终按住急停按钮;所有连接螺栓必须拧紧,开口销张开正常。

1) 根据现场的使用要求选择附墙架形式,包括Ⅰ型、Ⅱ型、Ⅲ型和Ⅳ型。

2) 附墙架可以固定安装在建筑物的现浇混凝土楼板、承力墙、混凝土梁和承力钢结构上,绝不允许安装在类似脚手架等非承力结构上。

3) Ⅰ型附墙架的安装方法如图 2-18 所示。

① Ⅰ型附墙架仅适用于单笼升降机,导轨架安装高度不大于 30m,用 4 个 M16 螺栓或 U 形螺栓的后连接杆固定在标准节上,下框架角钢上(后连接杆必须对称放置),同时在后连接杆之间安装转动销轴。注意,先不要将螺栓拧得太紧,以方便调整连接杆的位置。

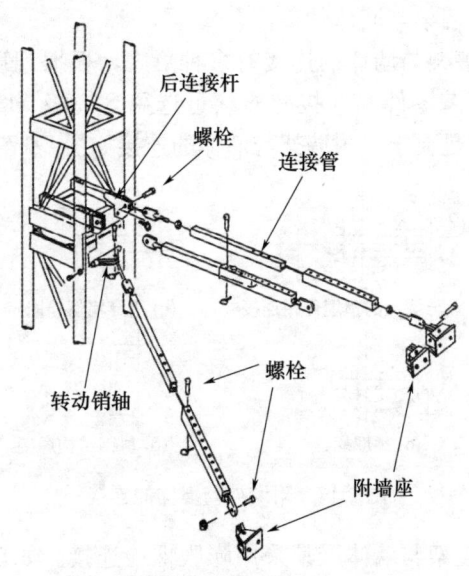

图 2-18　Ⅰ型附墙架安装方式

② 用 8.8 级 M24 螺栓将附墙架安装座固定在建物上。

③ 用 M20 螺栓将连接管与后连接杆、转动销轴和安装座连接。

④ 按要求校正导轨架垂直度和附墙架水平度（最大水平倾斜角为±8°）。

⑤ 校正完毕，拧紧所有连接螺栓。然后慢慢启动升降机，确保吊笼及对重不与附墙架相碰。

4) Ⅱ型附墙架的安装方法如图 2-19 所示。

① 用 4 个 M16 螺栓或 U 形螺栓的后连接杆固定在标准节上、下框架角钢上（后连接杆必须对称放置），同时在后连接杆之间安装转动销轴。

注意：先不要将螺栓拧得太紧，以方便调整连接杆的位置。

② 用 8.8 级 M24 螺栓将附墙架的安装座固定在建筑物上。

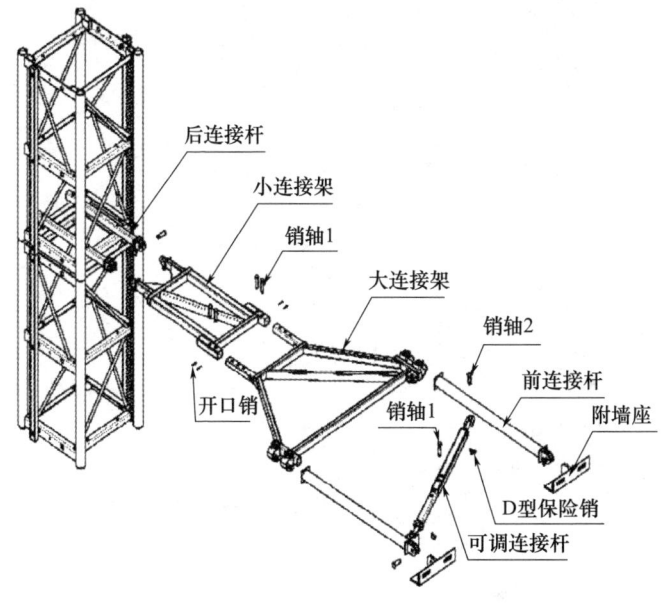

图 2-19　Ⅱ型附墙架安装方式

③ 用 M24 螺栓将小连接架和后连接杆连接在一起。

④ 用 φ20 销轴将小连接架与大连接架连接在一起。

⑤ 用 M21 螺栓将前连接杆和附墙座连接，并将前连接杆与连接架管卡连接。

⑥ 在附墙座和连接架间安装可调连接杆，用 φ20 销子连接。

⑦ 按要求校正导轨架垂直度和附墙架水平度（最大水平倾斜角为±8°）。

⑧ 校正完毕。拧紧所有连接螺栓。然后慢慢启动升降机，确保吊笼及对重不与附墙架相碰。

5) Ⅲ型刚墙架的安装方法如图 2-20 所示。

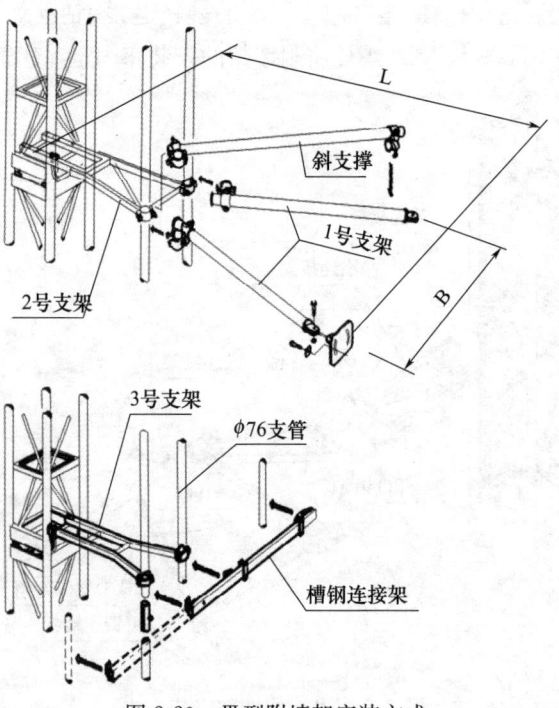

图 2-20　Ⅲ型附墙架安装方式

① 当导轨架的总安装高度大于 150m 时，不要采用Ⅲ型附墙架。

② 安装 φ76mm 立管，带豁口的一端朝上。用管卡插入两管之间并拧紧螺丝。

③ 在距地面 9m 高处，将 2 号支架安装在导轨架与 φ76mm 立管之间，向上每隔 9m 装一个。

④ 在 2 号支架的上方或下方 300mm 处、φ76mm 立管与建筑物之间，每隔 9m 安装一套 1 号支架及斜支撑。

⑤ 在每个停层站台处安装一个槽钢连接架，可以用作过桥平台的支撑。然后用水平仪测量确保安装的水平度。如果两停层站之间的间距过大，则必须保证间距约 3m 安装一个槽钢连接架。

⑥ 在槽钢连接架的上方或下方小于 300mm 处安装一个 2 号支架或 3 号支架。

⑦ 通过调整 1 号支架，校正导轨架的垂直度。可以采用钢丝绳等拉紧装置进行调整。

⑧ 校正完毕，拧紧所有连接螺栓。然后慢慢启动升降机，确保吊笼及对重不与附墙架相碰。

6）Ⅳ型附墙架的安装方法如图 2-21 所示。

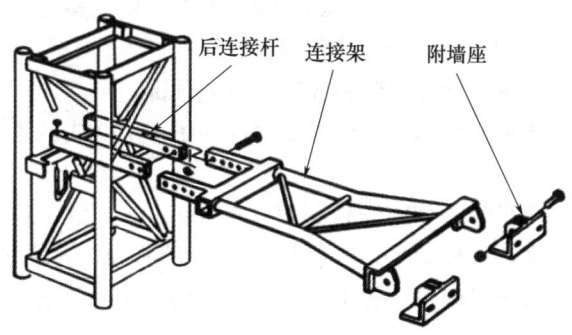

图 2-21　Ⅳ型附墙架安装方式

① 用 4 个 M16 螺栓或 U 形螺栓的后连接杆固定在标准节上，下框架角钢上（后连接杆必须对称放置）。

注意：先不要将螺栓拧得太紧，以方便调整连接杆的位置。

② 用 8.8 级 M24 螺栓将附墙架的安装座固定在建筑物上。

③ 用螺栓将连接架与后连接杆和附墙座连接在一起，连接架和后连接杆的连接用 M16 螺栓；连接架与附墙座之间用 M24 螺栓。

④ 按要求校正导轨架垂直度和附墙架水平度。

⑤ 校正完毕，拧紧所有连接螺栓，然后慢慢启动升降机，确保吊笼及对重不与附墙架相碰。

12. 对重总成的安装（带对重升降机）

如施工升降机有对重，在导轨架安装到使用高度、在正常运行前必须安装对重总成，其中对重装置、对重导轨在导轨架高以前已经就位，本部分仅涉及天轮架、偏心绳具和钢丝绳的安装。

（1）按要求检查对重导轨的安装情况。为减少对重导轨和对重导向滚轮在运行过程中的磨损，对重导轨的对接处应符合平直要求，否则应予校正。

（2）将天轮架、偏心绳具及绕有两根长度足够的钢丝绳的盘绳装置吊到吊笼笼顶，准备好钢丝绳夹。

（3）将钢丝绳盘绳装置固定在吊笼顶部。

（4）将偏心绳具固定到吊笼顶部的吊板上（或吊笼立柱端头上）。

（5）将吊笼升到距导轨架顶端 500mm 处，用安装吊杆将天轮架安装到导轨架顶，然后用 M24 螺栓紧固在导轨架上。

（6）从钢丝绳盘上放出钢丝绳，放绳时应避免钢丝绳扭绞而造成损伤。

（7）将钢丝绳绕过天轮架上的滑轮，下放到地面的对重装置上，每根钢丝绳用钢丝绳夹按规范固定在对重装置的钢丝绳环上。钢丝绳夹的数量、间距及外露长度必须符合有关标准要求。

注意：安装时突发阵风，应从吊笼顶部部拉牵引软绳，用以引导吊笼顶钢丝绳下放到地面。

（8）用同样的方法将钢丝绳的另外一端用3个钢丝绳夹固定在偏心绳具上。调整两根钢丝绳的长度，使松绳限位开关位于挡板的中间位置，并确保对重碰到缓冲弹簧时吊笼顶离天轮架的距离在500mm以上。

（9）检查对重的运行情况，对重轨道应畅通无阻。

注意：用吊笼运送对重总成、天轮架等部件时，必须在吊笼顶部操纵吊笼的运行在吊笼顶进行安装时，必须按下急停按钮。

13. 有对重导轨架再次加高的安装方法

有对重的施工升降机，因在原使用高度的导轨架顶部已安装对重总成，故导轨架再次加高前，需将天轮架拆下，方能对导轨架进行加高安装。具体方法如下：

（1）在吊笼顶部操纵吊笼，进行导轨架加高安装的升降准备。

（2）拆除导轨架顶部上限位装置的限位挡板和挡块。

（3）谨慎操纵吊笼上升，将对重装置缓缓降到地面的缓冲弹簧上，并用卸载绳索平衡对重装置至天轮架之间两根钢丝绳的质量。

（4）拆除天轮架滑轮的防护罩，将钢丝绳从偏心绳具和天轮架上取下，并将其挂在导轨架上。也可以将钢丝绳连同钢丝绳盘绳装置放到建筑物顶部楼面上。

（5）拆除天轮架与导轨架的连接螺栓，用安装吊杆将天轮架拆放在吊笼顶部。

（6）将导轨架加高到所需高度，并重新将天轮架安装在导轨架顶部。

(7) 下降吊笼,将钢丝绳盘绳装置重新固定在吊笼顶部,放出与导轨架加高高度 2 倍长度的钢丝绳后,将钢丝绳与吊笼连接,并拆掉卸载绳索。

(8) 谨慎操纵把吊笼升到导轨架顶部,重新安装对重总成的钢丝绳和天轮架滑轮的防护罩。

(9) 检查对重导轨是否畅通无阻。

(10) 重新安装和调整导轨架顶部上限位挡板和挡块。

(11) 以 300N·m 的预紧力矩紧固导轨架标准节的所有对接螺栓。

注意:以上作业必须在吊笼顶部操纵吊笼的运行,并避免与挂在导轨架上的钢丝绳相碰;只要不操纵吊笼运行,都应该按下急停按钮;所有连接螺栓的强度级别不得低于 8.8 级。

14. 电缆导向装置的安装

电缆导向装置分电缆卷筒型和电缆滑车型两种。

(1) 电缆卷筒和电缆护线架的安装

1) 在完成本节 1~3 安装步骤后,安装电缆卷筒。

2) 用起重设备将待安装的一卷电缆吊挂在卷筒上方,如图 2-22 所示。

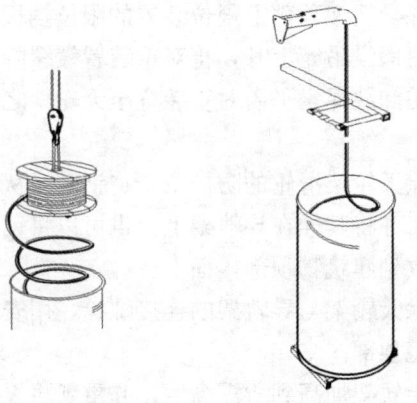

图 2-22 电缆卷筒的安装

3）放出 5m 左右的电缆，从电缆卷筒底部拉出来，拉到下电箱处（暂不接线）。

4）将电缆一圈一圈顺时针放进电缆卷筒中，尽量使每圈一样大，直径略小于电缆卷筒直径，如图 2-23 所示。

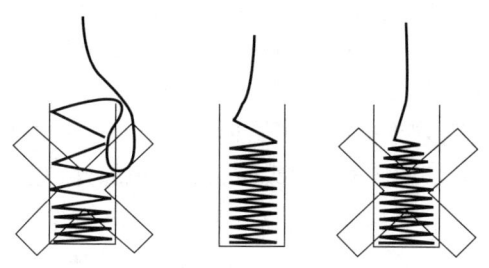

图 2-23　电缆放进电缆卷筒中的状况

5）将电缆的另外一端固定在电缆臂架上，电缆插头插入吊笼内电铃箱插座。

6）电缆接入下电箱，启动升降机检查电缆是否缠绕。

7）调整电缆护线架和电缆臂架的位置，保证电缆处于电缆护线架 U 形中心。

8）导轨架加高时应同步安装电缆护线架如图 2-24 所示。

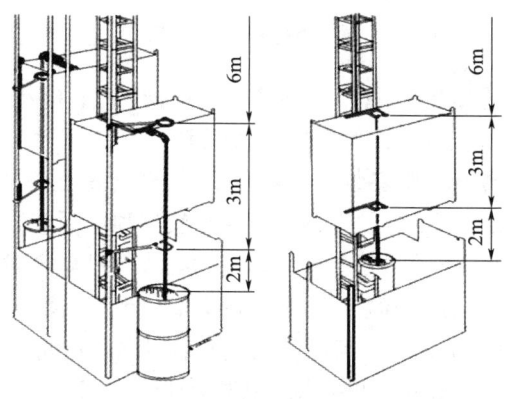

图 2-24　电缆卷筒护线架的安装位置

117

(2) 电缆滑车型电缆导向装置的安装

1) 单笼电缆滑车导向装置的安装

① 采用一根电缆供电

a. 完成吊笼供电。安装时因吊笼是带着自由悬挂的电缆，为使电缆不发生扭转和打结，应有人在地面拉送电缆。

b. 将吊笼降到地面，切断外电源箱主电源，拆除电缆线与电源箱的连接。

c. 把电缆全部卷好放在笼顶，将电缆的一端从吊笼上垂直放下，顺着底架底面将电缆牵引到下电箱处如图 2-25 所示。

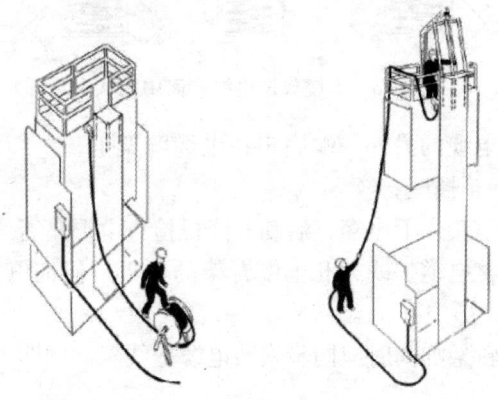

图 2-25 单笼电缆滑车型电缆线的放线

d. 接通电源，驱动吊笼上升的同时放下电缆，且每隔 1.5m 用电缆夹将电缆固定在导轨架上。

e. 如果导轨架安装高度小于预定架设高度的一半加 3m 时，则把吊笼开到导轨架顶端，在导轨架顶端标准节处安装电缆固定线架；如果导轨架安装高度达到或超过预定架设总高度的一半加 3m 时，则将吊笼开到导轨架一半的高度位置，在导轨架一半加 1m 的导轨架高度位置安装电缆固定线架。

f. 把电缆固定在电缆固定线架上如图 2-26 所示。

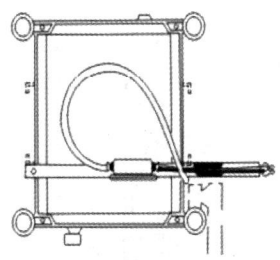

图 2-26 在电缆固定护线架上固定电缆

g. 缓慢下降吊笼，每隔 6m 停下安装一个电缆护线架，安装时应保证电缆滑车架的两侧板和吊笼电缆臂架均能在电缆护线架的 U 形缺口的橡胶片中通过。

h. 当吊笼下降到与门槛平齐时，用刚性支撑物支撑吊笼，保证在吊笼底下安装电缆滑车时不会出现危险。

i. 切断电源、将电缆接入吊笼的一端从电缆臂架上拆下，使其处于自由垂直状态，否则需要由安装人员将其顺直。

j. 取下电缆滑车一侧的两个滚轮，将电缆滑车安装在吊笼底下方，重新装上滚轮（仅用手拧紧即可）。

k. 调整滚轮的偏心轴，使各滚轮与标准节立管之间的间隙为 0.5mm。试拉动电缆滑车，应无卡阻现象。

l. 将已顺直好的电缆的自由端穿过电缆滑轮，重新接入吊笼的电铃盒内，如图 2-27 所示。

注意：穿线时应保证电缆没有旋扭。

m. 拆除吊笼下面的支撑物。

n. 不提起滑车，在吊笼顶上向上拉直电缆，并再次提拉电缆，使滑车与吊笼底部接触，然后放下被再次提拉起来的电缆一半长度，并夹紧吊笼进线架上的夹板将电缆固定住。

o. 卷好剩下的电缆，用胶带固定在笼顶的安全护栏上。

p. 接通主电源，检查电缆接线相位是否正确。

q. 运行升降机，安装其他电缆护线架。

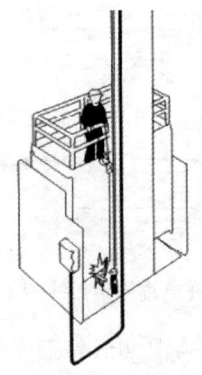

图 2-27 电缆重新接入吊笼电铃盒

② 采用两根电缆供电

a. 安装时,由随行电缆向吊笼供电。

b. 把吊笼下降到地面,用吊杆将固定电缆吊到吊笼顶部,用一根钢管穿入电缆卷中并固定在笼顶,便于放线。

c. 如果导轨架安装高度小于预定架设高度的一半加 3m 时,则把吊笼开到导轨架顶端,在导轨架顶端标准节处安装电缆固定线架;如果导轨架安装高度达到或超过预定架设总高度的一半加 3m 时,则将吊笼开到导轨架一半的高度位置,在导轨架高度的一半加 1m 的导轨架高度位置安装电缆固定线架。

d. 拆下随行电缆与底架下电箱的连接,将随行电缆全部收到笼顶。

e. 将固定电缆的一端连接在中间接线盒上,另外一端垂直下放至笼外底架,然后顺着底架地面将电缆拉到下电箱处并正确接线,所剩电缆用胶带固定在导轨架上(电缆滑车架位置)。

注意:必须保证电缆不与吊笼等运动部件相互干扰。

f. 将随行电缆的一端(从电源箱拆下的一端)接到中间接线盒上。

g. 缓缓下降吊笼,每隔 1.5m 安装一个卡子,将固定电缆固定在导轨架上,直至降到底层,同时,每隔 6m 安装一个电缆护线架。

注意:安装护线架时应保证电缆滑车架的两侧板和吊笼电缆臂架均能在护线架的 U 形缺口的橡胶片中通过。

此后执行本节"采用一根电缆供电"中的 h 至 q 步骤,只是将其中的"电缆"改为"随行电缆"。

2) 双笼电缆滑车导向装置的安装

① 一根电缆供电

a. 把两个吊笼都开到最底端,在右笼底下用刚性支撑将吊笼支撑住,确保在吊笼底下安装电缆滑车没有危险。

b. 拆除右笼电缆,用起重设备将拆下的电缆吊放在左笼上。

c. 驱动左笼。如果导轨架安装高度小于预定架设高度的一半加 3m 时,则把吊笼开到导轨架顶端,在导轨架顶端标准节处安装电缆固定线架;如果导轨架安装高度达到或超过预定架设总高度的一半加 3m 时,则将吊笼开到导轨架一半的高度位置,在导轨架高度的一半加 1m 的导轨架高度位置安装电缆固定线架。

d. 把电缆的一端通过右边电缆固定线架并垂直下放到护栏底架,然后顺着底架底面将电缆拉到下电箱内,另一端也垂直下放到地面。

e. 驱动左笼缓慢下降,每隔 1.5m 安装一个卡子,把右笼的电缆从电缆固定线架到底架护栏下电箱的一端电缆固定在导轨架上,每隔 6m 安装一个电缆护线架。

注意:安装护线架时应保证电缆滑车架的两侧板和吊笼电缆臂架均能在护线架的 U 形缺口的橡胶片中通过。

f. 驱动左笼到底端,执行本节"采用一根电缆供电"中的 h 至 q 步骤完成右笼电缆滑车导向装置的安装。

按上述方法,利用右吊笼完成左笼电缆滑车导向装置的安装。

② 两根电缆供电

a. 把两个吊笼都开到最底端,在右笼底下用刚性支撑将吊笼支撑住,确保在吊笼底下安装电缆滑车没有危险。

b. 拆除右吊笼随行电缆,用起重设备将拆下的随行电缆和固定电缆都吊放在左笼上。

c. 驱动左笼缓慢下降,每隔 1.5m 安装一个卡子,把右笼的电缆从电缆固定线架到底架护栏下电箱的一端电缆固定在导轨架上,每隔 6m 安装一个电缆护线架。

注意:安装护线架时应保证电缆滑车架的两侧板和吊笼电缆臂架均能在护线架的 U 形缺口橡胶片中通过。

d. 将固定电缆的一端接在中间接线盒上,另外一端垂直下放到底架护栏,然后顺着底架底面将电缆拉到下电箱内,所剩的电缆用胶带固定在导轨架上(电缆挑线架位置)。

注意:应保证电缆不与吊笼等运动部件干涉。

e. 将随行电缆的一端(从下电箱拆下的一端)接到中间接线盒,另外一端沿导轨架缓慢下放到地面。

f. 执行本节"采用一根电缆供电"安装中的 e 至 g 步骤,完成右笼电缆滑车导向装置的安装。

按上述方法,利用右笼完成左笼电缆滑车导向装置的安装。

3) 电缆滑车型导向装置的加高

如果加高导轨架后,电缆挑线架的安装高度低于导轨架的一半高度加 3m,那么在再次加高导轨架之前要将挑线架向上移动。方法如下:

① 将吊笼开到最底层,放松盘在笼顶上的剩余电缆后,再次锁紧电缆。如果升降机使用一种规格的电缆,则放松的电缆长度等于 3 倍电缆固定线架上移的高度;如果升降机使用两种规格的电缆,则放松的长度等于 2 倍电缆固定线架上移的高度。

② 驱动吊笼上升,到离电缆固定线架约等于放松长度,把下端电缆连同电缆滑车固定在电缆臂架上,让电缆固定线架不受力。

③ 吊笼继续上行到电缆固定线架位置,并确认电缆固定线架至底架护栏下电箱的电缆固定牢固,如果升降机使用两种

规格的电缆,则将盘在固定线架上的固定电缆放松,放松长度等于电缆固定线架的上移高度。

④ 拆下电缆固定线架,将吊笼开到电缆固定线架的新位置,将电缆固定线架装好。

⑤ 将电缆固定在电缆固定线架上。

⑥ 将电缆和电缆滑车慢慢恢复到自由状态。

⑦ 启动吊笼试运行,检查各部件有无干涉或碰撞,如图2-28所示。

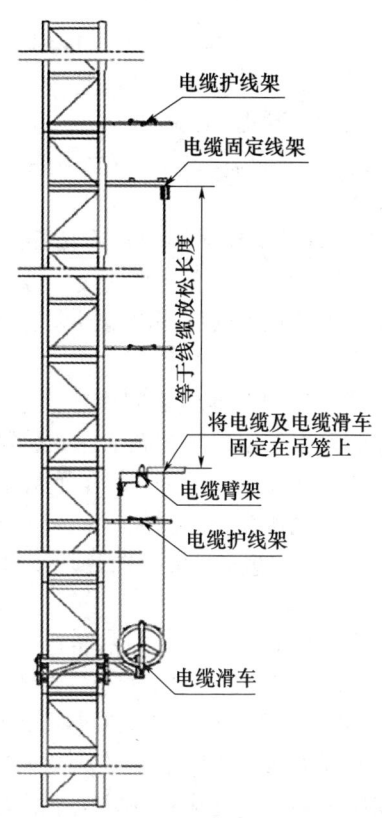

图2-28 电缆滑车型导向装置的加高

4) 专用滑车导轨的电缆导向装置的安装

上面介绍的内容都是将电缆滑车安装在导轨架上,滑车沿导轨架立管运行。但某些特殊情况下不允许电缆滑车沿导轨架立管运行时,则必须安装专用滑车导轨,使电缆滑车沿专用导轨上下运行,如图 2-29 所示。

其安装方法如下:

① 初始安装

a. 在地面上从电缆卷筒上松开全部随行电缆。

b. 将电缆臂架用螺栓固定到吊笼的安装位置。

c. 将随行电缆一端穿过电缆臂架,接到吊笼内的电铃盒上。另外一端接到底架护栏上的下电箱上。

注意:接线前务必切断供电总电源。

d. 接通主电源,按安装程序加高导轨架并安装附墙架,同时安装电缆导向装置。

e. 将第一节电缆滑车导轨用两根连接杆固定在导轨架底部。连接杆的一端用螺栓与滑车导轨连接,另一端用螺栓与标准节固定,并在滑车导轨上安装好电缆滑车,使其停靠在导轨架底架底部,如图 2-30 所示。

f. 向上加装滑车导轨,导轨之间用螺栓连接并每隔 4.5m 用连接杆以同样的方法固定在导轨架上。如需要调整,可在连接杆和导轨架框架之间垫放调整垫片。上下滑车导轨连接螺栓紧固前应检查滑车导轨接头处的间隙为 1~3mm。

g. 预先逐一拧紧电缆护线架导向片,接触压力为 10.2N (用板弹簧时)。

对于双吊笼升降机,每隔 3m 左右将电缆护线架 A/B 用螺栓安装在滑车导轨上,如图 2-29 所示。对于单吊笼升降机,每对电缆护线架 A/B 在滑车导轨上的安装间距为 6m 左右。

电缆护线架 A、B 的安装应保证吊笼臂架在两导向片中间通过。

滑车导轨安装加高的高度应达到导轨架最大预定高度的一半再加 4.5m。

h. 将固定电缆吊放到吊笼顶部并下放到地面，下放长度应满足与下电箱连接的要求。然后将电缆逐渐上升，放出所需的固定电缆，并每隔 1.5m 用电缆夹将其固定在导轨架上，直到滑车导轨顶端以上约 1.5m 处能夹住电缆。最后将剩余的电缆盘好挂在导轨架上并绑扎牢固。

i. 把电缆固定线架安装在高于滑车导轨顶端 1.5m 处，并把固定电缆的上端接到电缆固定线架上的接线盒中。

j. 切断地面总电源。将随行电缆的一端从吊笼内的接线盒上拆下，将该端穿入电缆固定线架的夹板中夹紧，并接到电缆固定线架上的接线盒中。然后将挂在吊笼进线架上的随行电缆松开，缓缓地让其从电缆固定线架上悬挂下来。

k. 用手动松闸方式让吊笼重力慢慢下降，将悬挂着随行电缆置入电缆护线架 B/A 中。

l. 从下电箱上拆下随行电缆的另一端，换接上固定电缆。

m. 将随行电缆从下电箱拆下的一端绕过滑车的电缆滑轮，并通过电缆臂架夹紧后接到吊笼内的接线盒端子上，然后把滑车停在离地面约 0.5m 处将多余的随行电缆盘好绑扎在笼顶的护栏上，接通总电源，如图 2-31 所示。

n. 在滑车导轨以上的导轨架上，每隔 9m 左右安装一道电缆护线架 A。

o. 用润滑脂润滑导轨和滑车的转轴。

② 加高安装

在施工升降机分段加高架设中，如导轨架高度小于预设高度的一半时，滑车导轨安装高度应比导轨架顶端低 4.5m。如第一次导轨架设高度为 30m，滑车导轨应安装到 25.5m 的高度，按照这一高度安装的电缆导向装置，在导轨架加高到 25.5＋25.4－4.5＝46.4m 的高度时，仅需在滑车导轨以上部分的导轨每隔 6m 安装一道电缆护线架 A，而固定电缆和随行电缆不需加长。同样，滑车导轨须加高到导轨架顶以下 4.5m 处，即滑车导轨加高到导轨架最大预定架设高度的一半减 4.5m。

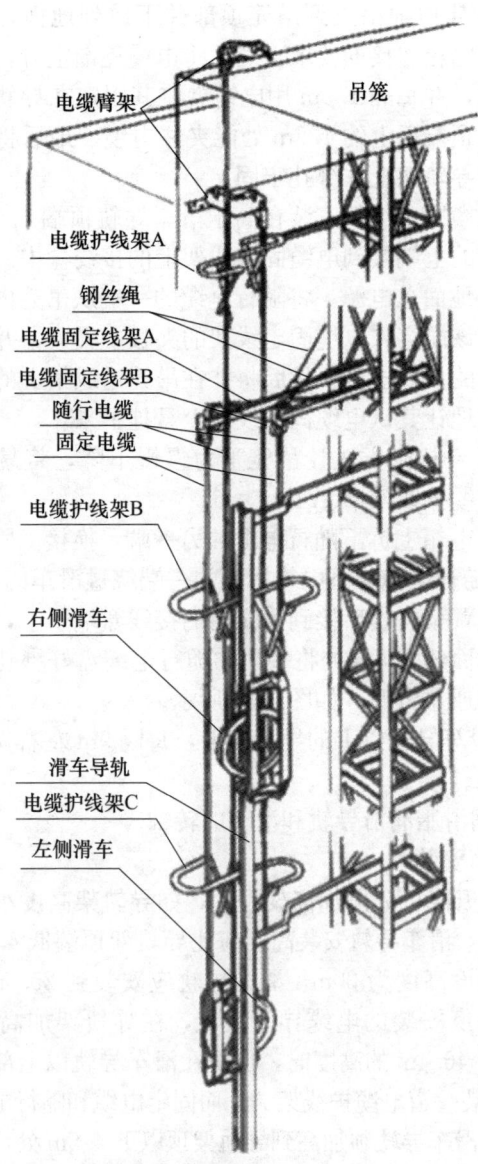

图 2-29 电缆滑车安装

第二章 施工升降机的安装与拆卸

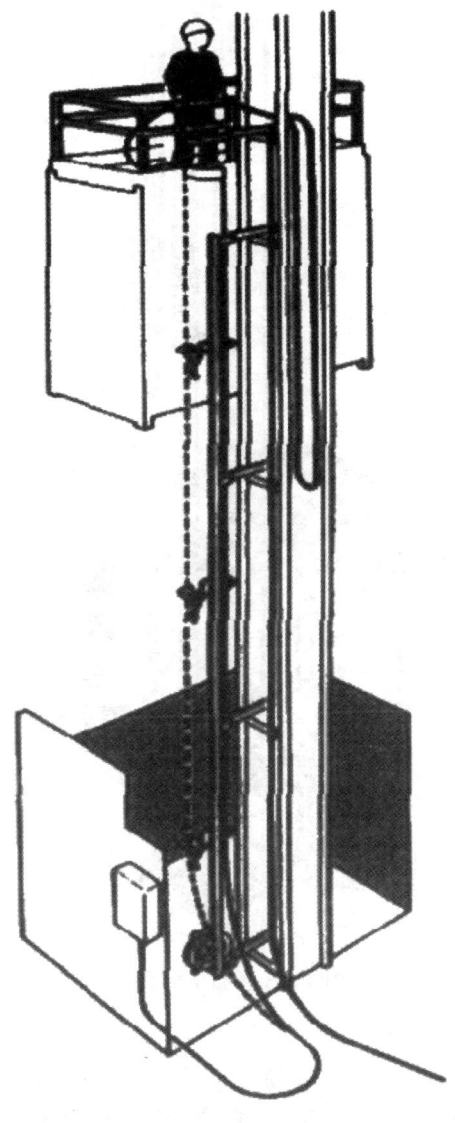

图 2-30 底部安装

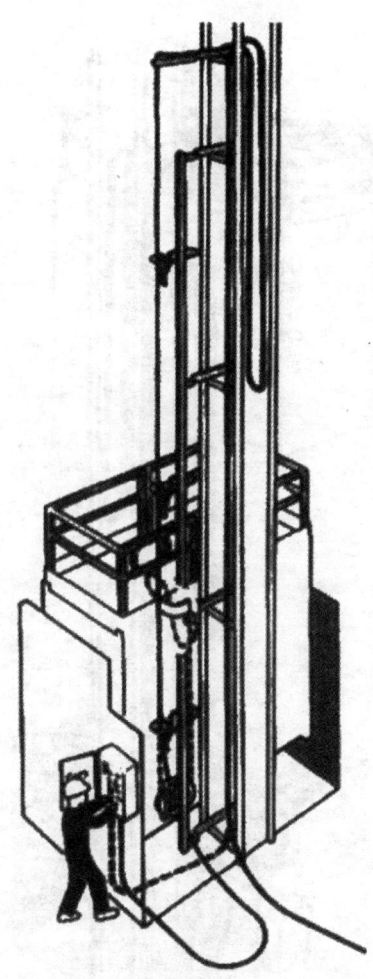

图 2-31 随行电缆安装

其安装程序如下：

a. 把吊笼停在滑车导轨顶端处，稍微松开吊笼上电缆臂架的电缆夹板，将置于笼顶的剩余随行电缆拉出一段，拉出的长度与准备加高导轨架的高度相当，重新夹紧吊笼夹板。

b. 吊笼下行，松开绑扎在导轨架上的固定电缆，将原来剩余的固定电缆拉到吊笼顶部。将卸载工具装在电缆固定线架下面的随行电缆上，再将它系挂在电缆臂架上。稍微上升吊笼，使随行电缆的全部质量落在电缆臂架上。然后拆下导轨架上的电缆固定线架，把它放在吊笼顶部，如图2-32所示。

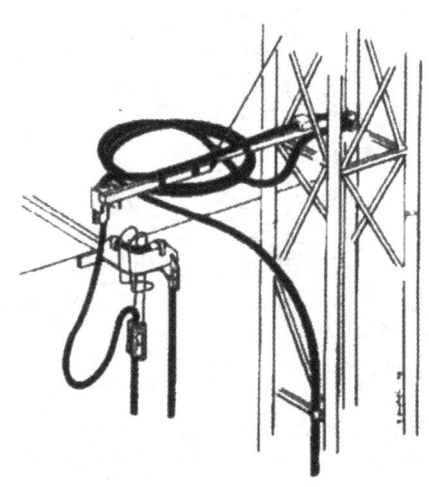

图2-32 安装随行电缆和固定电缆

c. 分段向上驱动吊笼，将固定电缆每隔1.5m用电缆夹固定的导轨架上，直到离导轨架顶端3m处为止。然后安装电缆固定线架，把多余的固定电缆盘好束挂在导轨架上。

d. 拆除挂在吊笼进线架上的随行电缆卸载工具。

e. 把滑车导轨加高到电缆固定线架之下1.5m处，按原要求装好电缆护线架A、B、C。

注意：吊笼上下运行必须在吊笼顶部操纵。安装人员应站在顶部的安全区域。安装时，必须切断地面主电源，并始终按下急停按钮。

15. 楼层呼叫系统的安装

安装楼层呼叫系统，便于各楼层与升降机操作人员的通信联系，如图 2-33 所示。

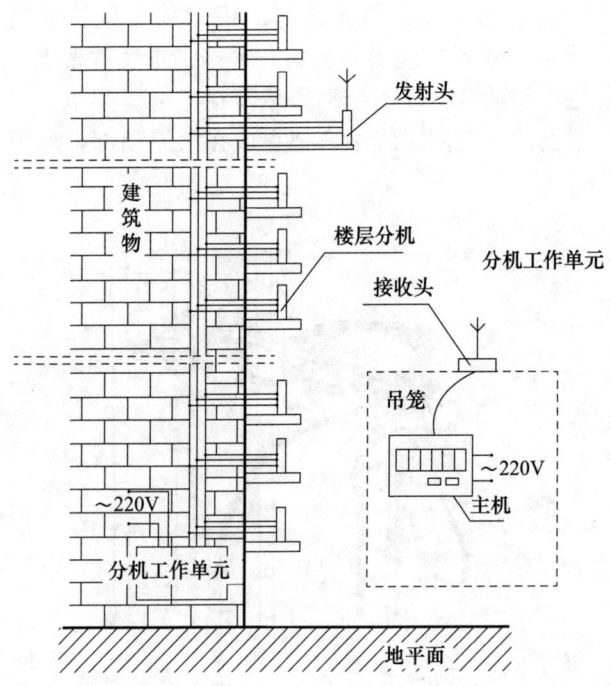

图 2-33 楼层呼叫系统

其安装方法大体如下：

(1) 从电源箱内的分机工作单元的红、黄、蓝接线端(12V) 接 3 条电线，沿建筑物高度方向固定在建筑物上。

(2) 在需要的楼层安装楼层分机，将分机上的红、黄、蓝 3 根电线与分机工作单元引出对应的 3 条线连接。

(3) 在建筑物上靠近导轨架每隔 50~80m 安装一个发射头，将发射头上的红、黄、蓝 3 根线与分机工作单元引出的 3 根线对应连接。

说明：沿建筑物高度方向布置的红、黄、蓝 3 根电线由用户自备，规格为 $1mm^2$ 的铜导线。

三、安装自检和验收

（一）施工升降机安装完毕且经调试后安装自检的主要内容和要求可参考《建筑施工升降机安装、使用、拆卸安全技术规程》（JGJ 215—2010）附录 B，并应向使用单位进行安全使用说明。

（二）对不符合要求的项目应在备注栏具体说明，对要求量化的参数应填实测值。

（三）安装单位自检合格后，应经具有相应资质的检验检测机构监督检验，检验合格后，使用单位应组织租赁单位、安装单位和监理单位等进行验收。实行施工总承包的，应由施工总承包单位组织验收。验收内容主要包括自检情况、技术资料、标识和环境等，具体内容可参考《建筑施工升降机安装、使用、拆卸安全技术规程》（JGJ 215—2010）附录 C。

（四）严禁使用未经验收或验收不合格的施工升降机。

（五）使用单位应自施工升降机安装验收合格之日起 30 日内，将施工升降机安装验收资料、施工升降机安全管理制度、特种作业人员名单等，向工程所在地县级以上建设行政主管部门办理使用登记备案。

（六）安装自检表、检测报告和验收记录等应纳入设备档案。

第三节　施工升降机的拆卸

一、拆除前准备

（一）拆卸前应对施工升降机的关键部件进行检查，当发现问题时，应在问题解决后方能进行拆卸作业。

（二）检查要拆卸的施工升降机基础部位及附着装置。

（三）检查各机构的运行情况。

（四）检查拆卸现场周边环境，确保作业场地路面平整、坚实，不得有任何障碍物。

二、拆除作业程序

施工升降机的拆卸程序是安装程序的逆程序，一般按照以下的步骤进行。

（一）将操作盒置于吊笼顶部。

注意：对有驾驶室的施工升降机，须将加节按钮盒接线插头插至驾驶室操作箱的相应插座上，并将操纵箱上的控制旋钮旋至"加节"位置，再将加节按钮盘置于吊笼顶部。对无驾驶室的施工升降机，须将吊笼内的操作盒移至吊笼顶部。

（二）在吊笼顶部安装好吊杆。

（三）使吊笼提升到导轨架顶部，拆卸上极限开关碰铁和上限位开关碰铁。

（四）拆除对重的缓冲弹簧，并在对重下垫上足够高度的枕木。

（五）使吊笼缓缓上升适当距离，让对重平稳地停在所垫的枕木上，使钢丝绳卸载。

（六）从对重和偏心绳具上卸下钢丝绳，用吊笼顶的钢丝绳盘松起所有的钢丝绳。

（七）拆卸天轮架。

（八）拆卸导轨架、附墙架，同时拆卸电缆导向装置。

（九）保留三节导轨架（标准节）组成的最下部导轨架。然后拆除吊杆，吊笼停至缓冲弹簧上。

（十）切断地面电源箱的总电源，拆卸连接至吊笼的电缆。

（十一）将吊笼吊离导轨架。

（十二）拆卸缓冲弹簧。

（十三）将对重吊离导轨架。

（十四）拆卸围栏。

三、拆除作业注意事项

（一）施工升降机拆卸作业应符合拆卸工程专项施工方案的要求。

（二）应在拆卸场地周围设置警戒线和醒目的安全警示标志，并派专人监护。拆卸施工升降机时，不得在拆卸作业区域内进行与拆卸无关的其他作业。

（三）夜间不得进行施工升降机的拆卸作业。

（四）拆卸附墙架时施工升降机导轨架的自由端高度应始终满足使用说明书的要求。

（五）应确保与基础相连的导轨架在最后一个附墙架拆除后，仍能保持各方向的稳定性。

（六）施工升降机拆卸应连续作业。当拆卸作业不能连续完成时，应根据拆卸状态采取相应的安全措施。

（七）吊笼未拆除之前，非拆卸作业人员不得在地面防护围栏内、施工升降机运行通道内、导轨架内以及附墙架上等区域活动。

（八）拆卸导轨架时，要确保吊笼最高导向滚轮的位置始终处于被拆卸的导轨架接头之下，且吊具和安装吊杆都已到位，然后才能卸去连接螺栓。

（九）拆卸导轨架，先将导轨架连接螺栓拆下，然后用吊杆将导轨架放至吊笼顶部，吊笼落到底层卸下导轨架。

注意：吊笼顶部的导轨架（标准节）不得超过 3 节。

（十）拆卸工作完成后，拆卸下的螺栓、销轴、开口销应分类存放，保管妥当。施工场地上作业时所用的索具、工具、辅助用具、各种配件和杂物等应及时清理。

第三章 施工升降机检查、维修和保养

第一节 施工升降机检查、维修和保养的意义

施工升降机是建筑工地上的重大危险源，也是工程建设过程中施工安全监控的重点对象。施工升降机最大的隐患在日常养护，由于日常养护不到位，安全装置失效，造成施工升降机在使用过程中出现问题，导致安全事故的发生，而且一旦发生事故就比较严重，易造成群死群伤。施工升降机之所以可以载人，主要是由于其配备了防坠安全器，大大提高了安全系数。按照国家的有关规定，施工升降机防坠安全器（寿命为五年）只能在有效的检验周期内使用。长期使用，使用频率高，维护保养不到位，长期处于"亚健康状态"，其产品的质量、安全不一定能够得到保障，存在一定隐患，故施工升降机在日常使用过程中的检查、维修和保养尤为重要。

为了使施工升降机经常处于完好状态和安全运转状态，避免和消除在运转工作中可能出现的故障，提高施工升降机的使用寿命，必须及时正确地做好维护保养工作。

（1）施工升降机日常使用中，经常遭受风吹雨打、日晒的侵蚀，灰尘、砂土的侵入和沉积，如不及时清除和保养，将会加快机械的锈蚀、磨损，使其寿命缩短。

（2）在机械运转过程中，各工作机构润滑部位的润滑油及润滑脂会自然损耗，如不及时补充，将会加重机械的磨损。

(3）机械经过一段时间的使用后，各运转机件会自然磨损，零部件间的配合间隙会发生变化，如果不及时进行保养和调整，磨损就会加快，甚至导致完全损坏。

（4）机械在运转过程中如果各工作机构的运转情况异常，又得不到及时的保养和调整，将会导致工作机构损坏，大大降低施工升降机的使用寿命。

为了使施工升降机经常处于完好状态和安全运转状态，及时消除在运转中可能出现的故障，提高施工升降机的使用寿命必须及时正确地做好维护保养工作。

第二节 施工升降机检查、维修和保养的方法

在每天开工前和每次换班前，施工升降机司机应按使用说明书及《建筑施工升降机安装、使用、拆卸安全技术规程》（JGJ 215—2010）的要求对施工升降机进行检查。对检查结果应进行记录，发现问题应向使用单位报告。在使用期间，使用单位应每月组织专业技术人员按《建筑施工升降机安装、使用、拆卸安全技术规程》（JGJ 215—2010）对施工升降机进行检查，并对检查结果进行记录。当遇到可能影响施工升降机安全技术性能的自然灾害、发生设备事故或停工 6 个月以上时，应对施工升降机重新组织检查验收。应将各种与施工升降机检查、保养和维修相关的记录纳入安全技术档案，并在施工升降机使用期间内在工地存档。

（1）对施工升降机进行检修时应切断电源，并应设置醒目的警示标志。当需通电检修时，应做好防护措施。

（2）应按使用说明书的规定对施工升降机进行保养、维修。保养、维修的时间间隔应根据使用频率、操作环境和施工升降机状况等因素确定。使用单位应在施工升降机使用期间安排足够的设备保养、维修时间。

第三节 施工升降机检查、维修和保养的内容

一、日检查

(1) 目测检查随行电缆与固定电缆的外观状况应良好，无扭转、破损现象。

(2) 目测检查各紧固螺栓的紧固状况应良好。

(3) 目测检查各导向滚轮、背轮的运行状况应良好，无运行偏摆现象。

(4) 按操作前的安全检查的要求，进行规定的例行日常检查。

(5) 检查外护栏门的联锁开关，打开门，吊笼应不能启动。

(6) 检查上、下限位、上/下减速限位（变频施工升降机）及极限开关应灵敏可靠、安全有效。

(7) 逐一分别进行下列开关的安全试验。试验中吊笼不能启动：

① 打开吊笼进料门或出料门；

② 打开外护栏门；

③ 触动断绳保护装置；

④ 按下急停按钮。

(8) 检查吊笼及对重通道应无障碍物。

(9) 检查电缆、电缆轮、标准节立管或齿轮、齿条上有无黏附如水泥或石头等坚硬杂物，如有发现，应及时清理。

(10) 变频调速升降机应检查笼顶电控箱的散热风扇是否正常工作，变频器及电阻发热是否正常。

二、周检查

(1) 检查驱动板螺栓紧固状况应良好。

(2) 检查齿轮、齿条、导向滚轮、背轮及所有附墙架、标准节的联结螺栓状况应良好。

(3) 检查电缆臂架及电缆护线架的联结螺栓状况应良好，无松动或位置移动。

(4) 检查各润滑部位润滑应良好。蜗杆减速器的温升不得超过100℃。检查驱动系统的油液状况，如渗、漏油或油液不足，应及时补充润滑油。

(5) 检查天轮架上的天轮、绳轮应转动灵活，无异常声响。联结部位紧固应良好。

(6) 检查对重装置导向轮应转动灵活。对重钢丝绳无断丝、变形及严重磨损等情况。绳端联结部位紧固良好。

(7) 检查电机及减速器应无异常发热与声响。

三、月检查

(1) 检查吊笼门，确保吊笼门不会脱离门框轨道，可通过调整门轮的位置，使门与两轨道之间的间隙保持一致。

(2) 检查吊笼及外护栏门锁是否有松动或变形。

(3) 检查齿轮齿条的啮合间隙，保证间隙 0.2~0.5mm。

四、季检查

(1) 检查各导向滚轮、背轮及滑轮的轴承运行情况，酌情进行调整与更换。

(2) 检查各导向滚轮的磨损情况，调整各导向滚轮与标准节立杆的 0.5mm 规定间隙。

(3) 检查制动盘及制动块的磨损情况。（用塞尺检查）最小极限尺寸为 0.3mm。

(4) 检查防坠安全器的可靠性，按防坠安全器的规定试验周期做坠落试验。

(5) 检查附着装置的联结部位紧固应良好。

(6) 检查各个冷却风扇，应无异常震动与声响。

(7) 检查电机的绝缘电阻、电气设备及金属外壳、钢结构的接地电阻应符合规定要求。

(8) 对于变频调速施工升降机还应做如下检测：检查变频器外部端子，单元的安装螺钉，接插件是否松动；检查电阻是否有灰尘堆积，如有则用 $4\sim6kg/cm^2$ 压力的干燥空气吹掉。

五、年检查

(1) 检查随行/固定电缆的外观状况，如有严重扭转、破损及老化等现象应立即更换。

(2) 检查电机与减速器之间的联轴器的弹性元件（聚氨酯橡胶），如有破损及老化等现象应立即更换。

(3) 检查所有可能腐蚀的结构件、磨损的零部件，对其进行专门的鉴定；对于严重腐蚀、磨损及损伤的结构件/零部件应予以更换。

(4) 变频调速施工升降机检查变频器的滤波电容是否有异常，如变色、异臭等。

六、专项检查

传动齿轮的检测：用齿轮公法线千分尺检查传动齿轮的磨损。

齿条的检测：用专用的齿条测量量规检查齿条的磨损，新齿齿厚尺寸 12.56mm；磨损极限尺寸 10.6mm；用齿条测量量规可接触到齿厚截面的底部，超标应更换齿条。

蜗轮齿的检测：用专用的蜗轮齿测量量规检查蜗轮齿的

磨损。

(1) 制动力矩的检测；

(2) 用一杠杆和弹簧秤检测电机的制动力矩；

(3) 具体电机扭矩的测定以杠杆的距离（m）乘弹簧秤的拉力（N）为测量单位：N·m。

例：11kW 的电机扭矩为 120N·m±10%；15kW 的电机扭矩为 170N·m±10%；18.5kW 的电机扭矩为 190N·m±10%；其他功率的电机扭矩参见所对应电机的使用说明书。

七、维修和保养

施工升降机的维修保养主要分为电气系统和机械系统两大部分。施工升降机的维修保养人员必须具有相关资质证书。对吊笼进行维修保养时，需切断总电源；变频调速施工升降机切断总电源 10min 后才能进行检修。

维护保养的方法：

维护保养一般采用"清洁、紧固、调整、润滑、防腐"等方法，通常简称为"十字作业"法。

（一）清洁

清洁是指对机械各部位的油泥、污垢、尘土等进行清除等工作。目的是减少部件的锈蚀、运动零件的磨损，保持良好的散热和为检查提供良好的观察效果等。

（二）紧固

紧固是指对连接件进行检查紧固等工作。机械运转中产生的功容易使连接件松动，如不及时紧固，不仅可能漏油、漏电、漏气，有些关键部位的连接松动，轻者导致零件变形，重者会出现件断裂、分离，甚至导致机械事故。

（三）调整

调整是指对机械零部件的间隙、行程、角度、压力、松紧、速度及时进行检查调整。以保证机械的正常运行。尤其是要对列链、减速机等相关机构进行适当调整，确保其灵活可靠。

（四）润滑

润滑是指按照规定和要求，选用并定期加注或更换润滑油，保持机械运动零件间的良好运动，减少零件磨损。润滑示意图如图 3-1 所示。

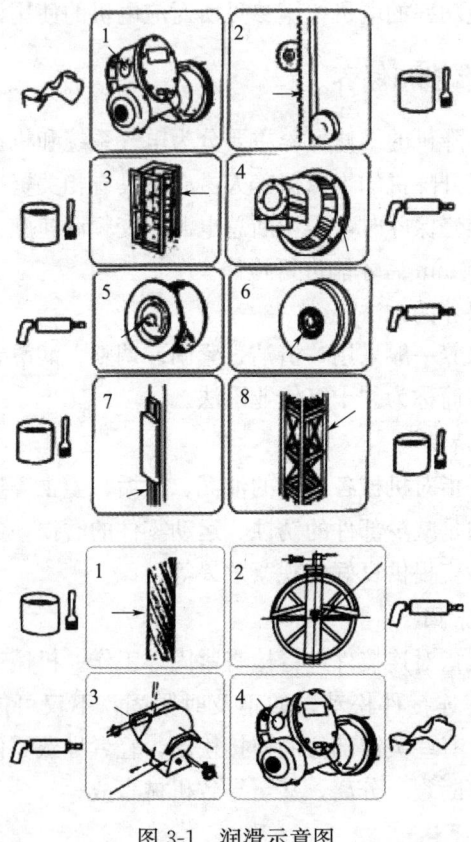

图 3-1 润滑示意图

(五) 防腐

防腐是指对机械设备和部件进行防潮、防锈、防酸等处理防止机械零部件和电气设备被腐蚀损坏。最常见的防腐保养是机械外表进行补漆或涂上油脂等防腐涂料。

第四节 施工升降机检查、维修和保养的安全注意事项

（1）必须由具有相关资格的人员进行操作。如电气检查人员必须具有电工操作证，并经过相关知识培训；

（2）在进行电气检查时，必须穿绝缘鞋；

（3）在进行电机检查时，必须切断主电源10min后才能检修；

（4）检查人员应按高处作业安全要求进行作业，包括必须戴安全帽、系安全带、穿防滑鞋等，不得穿过于宽松的衣服，应穿工作服；

（5）严禁夜间或酒后进行操作、检查；

（6）升降机运行时，操作人员的头、手绝不能伸出安全围栏外；

（7）除了进行天轮、附墙架连接、标准节连接和电缆导向装置检查时需要将吊笼停在相应检查位置之外，在进行其他检查时都应将吊笼停在底层。

（8）维修时应切断施工升降机的电源，拉下吊笼内的极限开关，防止吊笼被意外启动或发生触电事故。

（9）在维护保养和维修过程中，不得承载无关人员或装载物料、同时悬挂检修停用警示牌，禁止无关人员进入检修区域内。

（10）所用的照明行灯必须采用36V以下的安全电压，并检查行灯导线、防护罩，确保照明灯具安全使用。

(11) 应设置监护人员，随时注意维修现场的操作状况，防止安全事故发生。

(12) 检查基础或吊笼底部时，应首先检查制动器是否可靠同时切断电动机电源。将吊笼用木方支起，防止吊笼或对重突然下降伤害维修人员。

(13) 维护保养和维修人员必须戴安全帽；高处作业时，应穿防滑鞋，系安全带，电工与安装拆卸工作为特殊工种应佩戴蓝色安全帽。

(14) 维护保养后的施工升降机应进行试运转，确认一切正常后方可投入使用。

(15) 施工升降机在维护保养的方法中"调整"，尤其是要对制动器进行调整适当，确保其灵活可靠。

(16) 维护保养后的施工升降机，应进行试运转，确认一切正常后，方可投入使用

(17) 施工升降机在停放或封存期内的也应进行闲置保养。

第四章 施工升降机调试和常见故障的判断与处置

施工升降机的常见故障分为电气系统故障和机械系统故障两大部分。

从事施工升降机维修保养和故障排除的工作人员必须具有相关资质证书。对吊笼进行维修时必须事先切断总电源。

第一节 机械系统的常见故障及处理方法

由于机械零部件磨损、变形、断裂、卡塞、润滑不良以及相对位置不正确等造成的机械系统不能正常运行，称为机械故障。机械故障一般比较明显、直观，容易判断。施工升降机常见机械故障现象、故障原因及排除方法见表 4-1。

表 4-1 施工升降机常见机械故障现象、故障原因及排除方法

常见故障	可能原因	处理办法
1. 减速器漏油	减速器密封件损坏	漏油轻微，打开放油螺塞，将油排除漏油严重，更换密封件
2. 吊笼运行不平稳	滚轮未调整好	调整偏心轴，使滚轮与立柱管间隙为 0.5mm
	驱动齿轮磨损超标	更换驱动齿轮
	减速器轴弯曲	更换减速器轴
	齿条损坏或齿条间过渡不好	检查、更换齿条
	齿条齿轮啮合不良	调整滚轮保证齿线平行，齿侧隙 0.2~0.5mm

续表

常见故障	可能原因	处理办法
3. 吊笼启、制动时,动作异常猛烈	电机制动器动作不同步	调整制动器达到同步或清理制动器
	驱动板连接部位松动	拧紧连接螺栓,更换缓冲垫片
	电机制动力矩过大	检查制动力矩并放松至合理值
4. 制动器无动作或动作滞后	制动电路出现故障	检查制动电路,排除故障
	制动块磨损超标	更换制动块
	拉手上的螺母拧得太紧	拧松螺母,退至开口销处
	制动器有卡阻	清理、润滑制动器
5. 减速器发热严重或有异响	减速器润滑油,油量不足	补充润滑油（N320 蜗轮油）
	蜗轮、蜗杆磨损	检查更换蜗轮、蜗杆
	联轴节损坏	检查、修复联轴节
	轴承损坏	更换轴承
	输出轴弯曲	更换输出轴
6. 吊笼启动困难,电机发热严重	电源功率不足,电压降过大	停机,电压正常后继续使用
	制动器动作不正常	检查、修复制动器
	超载	禁止超载
7. 滚轮卡阻,异响	轴承损坏	更换轴承并保证润滑
	滚轮磨损超标	更换滚轮
8. 钢丝绳磨损严重或有断丝现象	钢丝绳润滑不良	按要求润滑 检查、修复天轮 更换钢丝绳
	天轮工作异常	
	使用寿命已到	
9. 漏电保护开关动作频繁	电器绝缘性不良	检查各电器接地电阻,修理或更换
10. 单极开关跳闸	电路短路或漏电	检修电路
	动作电流过低	调整动作电流或更换

续表

常见故障	可能原因	处理办法
11. 交流接触器粘连	交流接触器触点烧结	更换交流接触器
12. 供电电源及控制电路正常，电机不工作	电缆断股	检修电缆，可靠连接
	电机内一组线圈烧坏	检修电机
13. 吊笼墩底	超载	禁止超载
	下限位和极限限位开关不正常	按要求检查各限位开关，保证使其处于正常工作状态
14. 吊笼不能启动	护栏门限位动作不正常	检修护栏门、天窗、单开门、双开门限位
	天窗、单开门、双开门限位动作不正常	
	电锁未打开或急停开关未旋出	打开电锁或旋出急停开关
	吊笼未送电	给吊笼送电
	总极限开关动作	手动复位总极限开关
15. 吊笼启动困难	设备离电源距离太远，电缆截面过小，造成电压损失过大	缩短电源距离或增加电缆截面积
	电源质量不行，电压过低或缺相	改善电源质量，防止缺相运行
16. 吊笼下滑	超载	减轻荷载
	制动器太松	重新调整制动器
	电压过低	改善电源质量

第二节 电气系统的常见故障与处理方法

由于电气线路、元器件、电气设备以及电源系统等发生故障，造成用电系统不能正常运行，称为电气故障。

一、电气系统故障检查

诊断电气系统故障前，维修人员必须详细了解电气原理图和图上所有电气元件的结构和作用，同时应确认：

1. 停机控制电路没有断开，即热继电器没有动作。
2. 防坠安全器微动开关、吊笼门开关、护栏门开关等安全开关的触头处于闭合状态。
3. 急停开关未被按下。
4. 极限开关处于正常状态，没有动作。
5. 上下限位开关完好，未被触发。
6. 在地面停层处检查下电箱，确认三相电源接通。
7. 检查下电箱内主开关（自动空气开关）。该开关打开后，箱内主接触器应该接通，电缆应该通电。
8. 确认电源正常后，进行吊笼内电气系统的故障检查。
9. 将电压表连接在零位端子和电气原理图上标明的端子上，检查该通电的部位是否有电。分端子逐步测试，以确定故障位置。
10. 检查操纵按钮和控制装置发出的"上""下"指令（电压信号）是否正确传送到电控箱。
11. 试运行吊笼，确认上下运行主接触器动作正常，确认制动接触器动作正常且制动器制动。
12. 按上述方法检查照明等辅助电路。

二、电气系统常见故障分析与排除

电气系统常见故障分析与排除方法详见表 4-2。

第四章 施工升降机调试和常见故障的判断与处置

表 4-2 电气系统常见故障分析与排除

故障现象	原因所在	故障诊断解决
1. 总电源开关合闸即跳	电路内部损伤，短路或相线对地短接	找出电路短路或接地的位置，修复或更换
2. 安全断路器跳闸	电缆、限位开关损坏；电缆短路或对地短接	更换损坏电缆、限位开关
3. 施工升降机突然停止或不能启动	停机电路及限位开关被启动；安全断路器启动	释放"紧急按钮"；恢复热继电器功能；恢复其他安全装置
4. 启动后吊笼不运行	连锁电路开路	关闭或释放"紧急按钮"；检查连锁控制电路
5. 电源正常，主接触器不吸合	有个别限位开关没复位；相序接错；元件损坏或线路开路、断路	复位限位开关；相序重新连接；更换元件或修复线路
6. 电动机启动困难，并有异常响声	电机制动器未打开或无直流电压（整流元件损坏）；严重超载；供电电压远低于380V	恢复制动器功能（调整工作间隙）或恢复直流电压（更换整流元件）；减少吊笼荷载；恢复供电电压到380V
7. 运行时，上/下限位开关失效，电源极限开关有效	上/下限位开关损坏；上/下限位碰块移位	更换上/下限位开关；恢复上/下限位碰块位置
8. 操作时，动作不正常	线路接线不好或端子接线松动；接触器粘连或复位受阻	恢复线路接触性能，紧固端子接线；修复或更换接触器
9. 吊笼停机后，可重新启动，但随后再次停机	控制装置（按钮，手柄）接触不良，松弛；相序继电器松动；门限位开关与挡板错位	恢复或更换控制装置（按钮，小柄）；紧固相序继电器；恢复门限位开关挡板位置

续表

故障现象	原因所在	故障诊断解决
10. 吊笼上/下运行时有自停现象	上/下限位开关接触不良或损坏；严重超载；控制装置（按钮、手柄）接触不良或损坏	修复或更换上/下限位开关；减少吊笼荷载；修复或更换控制装置
11. 接触器易烧毁	供电电源压降太大，造成启动电流过大	缩短供电电源与施工升降机的距离加大供电电缆截面
12. 电机过热	制动器工作不同步；长时间超载运行；启、制动过于频繁；供电电压过低	调整或更换制动器；减少吊笼荷载；适当调整运行时间；调整供电电压

第三节 施工升降机主要零部件的技术要求和报废标准

一、齿轮与齿条

施工升降机中的齿轮齿条机构能否可靠工作，不仅关系到设备正常运转及使用，更直接关系到建设施工现场的施工安全。

（一）齿轮

施工升降机齿轮的使用应当满足一定的使用要求，而且应符合相应的报废标准。当磨损量达到一定的报废极限时应当更换。

（二）齿轮的磨损极限

齿轮磨损极限的测量可用公法线千分尺跨二齿测公法线长度，如图4-1（a）所示。新齿轮和磨损后齿轮的相邻齿公法线长度应按使用说明书规定进行检查。如某厂施工升降机使用书中规定：新齿轮相邻齿公法线长度 $L=37.1\mathrm{mm}$ 时，磨损后跨二齿公法线长度应 $L\geqslant35.8\mathrm{mm}$。

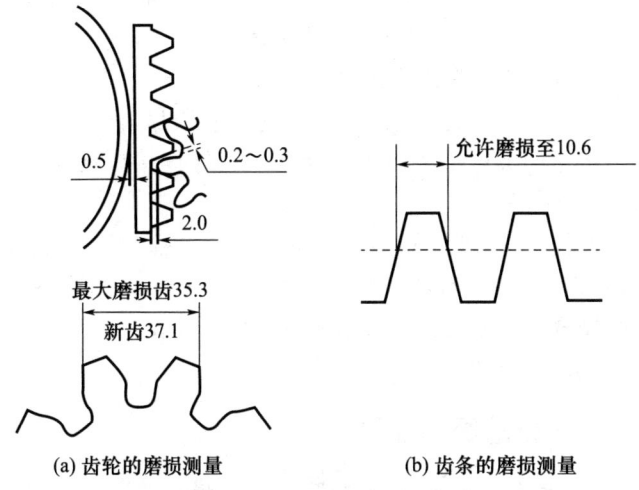

(a) 齿轮的磨损测量　　　　(b) 齿条的磨损测量

图 4-1　齿轮齿条磨损的测量

（三）减速器驱动齿轮的更换

当减速器驱动齿轮齿形磨损达到极限时，必须进行更换，更换方法如图 4-2 所示。

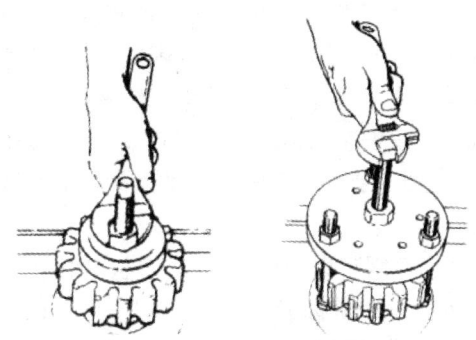

图 4-2　更换减速器驱动齿轮

1. 将吊笼降至地面用木块垫稳。
2. 拆掉电机接线，松开电动机制动器，拆下背轮。
3. 松开驱动板连接螺栓，将驱动板从驱动架上取下。
4. 拆下减速机驱动齿轮外轴端圆螺母及锁片，拔出小齿轮。
5. 将轴径表面擦洗干净并涂上黄油。
6. 将新齿轮装到轴上，上好圆螺母及锁片。
7. 将驱动板重新装回驱动架上，穿好连接螺栓（先不要拧紧）并安装好背轮。
8. 调整好齿轮啮合间隙，使用扭力扳手将背轮连接螺栓、驱动板连接螺栓拧紧，拧紧力矩应分别达到 300N·m 和 200N·m。
9. 恢复电机制动并接好电机及制动器接线。
10. 通电试运行。

二、齿条的磨损极限

齿条的磨损极限量可用游标卡尺测量，如图 4-1（b）所示。新齿条和磨损后齿条的最大磨损量应按使用说明书规定进行检查。如某厂施工升降机使用说明书规定：新齿条齿宽为 12.66mm 时，磨损后齿宽不小于 10.6mm。

（一）齿条的更换

1. 松开齿条连接螺栓，拆卸磨损或损坏了的齿条必要时允许用气割等工艺手段拆除齿条及其固定螺栓，清洁导轨架上的齿条安装螺孔，并用特制的液体涂定液做标记。

2. 按标定位置安装新齿轮，其位置偏差、齿条距离导轨架立管中心线的尺寸，如图 4-3 所示。螺栓预紧力为 200N·m。

（二）滚轮

滚轮的磨损极限可以参照施工升降机使用说明书的要求。

1. 测量方法：用游标卡尺测量，如图 4-4 所示。

2. 某厂施工升降机使用说明书中的滚轮的极限磨损量要求见表 4-3。

第四章 施工升降机调试和常见故障的判断与处置

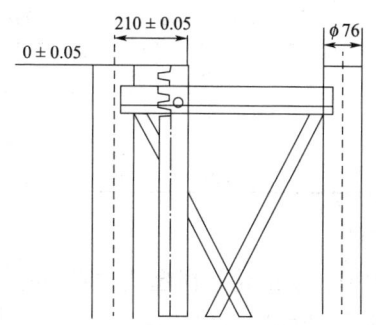

图4-3 齿条安装位置偏差

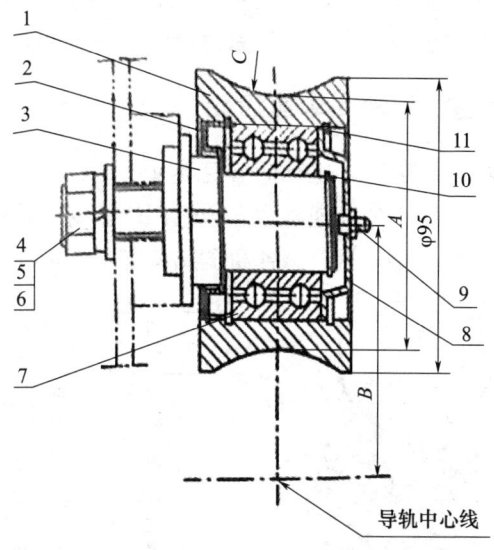

1—滚轮；2—油封；3—滚轮轴；4—螺栓；5，6—垫圈；7—轴承；
8—端盖；9—油杯；10—挡圈；11—轴承挡圈；A—滚轮直径；
B—滚轮与导轨架主弦杆的中心距；C—导轮凹面弧度半径

图4-4 滚轮磨损量的测量

151

表4-3 滚轮的极限磨损量

测量尺寸	新滚轮（mm）	磨损的滚轮（mm）
A	80	78
B	79±3	最小76
C	R40	最大R2

3. 滚轮的更换：

当滚轮轴承损坏或滚轮磨损超差时必须更换。

① 将吊笼降至地面用木块垫稳。

② 用扳手松开并取下滚轮连接螺栓，取下滚轮。

③ 装上新滚轮，调整好滚轮与导轨之间的间隙，使用扭力扳手紧固好滚轮连接螺栓，拧紧力矩应达到200N·m。

三、减速机蜗轮和伞齿齿轮

（一）施工升降机减速机的常见类型

国内施工升降机的减速机大多数选用蜗轮蜗杆减速机或者伞齿齿轮减速机。蜗轮蜗杆减速机的结构如图4-5所示。

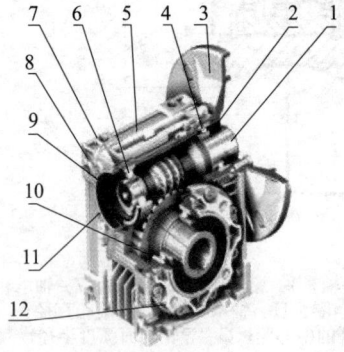

1. 蜗杆	worm shaft
2. 油封	oil seal
3. 法兰	flange
4. 轴承	bearing
5. 箱体	housing
6. 轴承	bearing
7. 挡圈	snap ring
8. 油封盖	rubber cover
9. 蜗轮	worm gear
10. 轴承	bearing
11. 油塞	screw plug
12. 端盖	cover

图4-5 蜗轮蜗杆减速机剖切图

(二)减速机中蜗轮蜗杆或伞齿齿轮的报废极限要求

对于蜗轮蜗杆减速机蜗轮齿牙的磨损情况可用专用测量尺检测,如图 4-6 所示。当蜗轮齿牙磨损到 50%,则必须更换减速机。

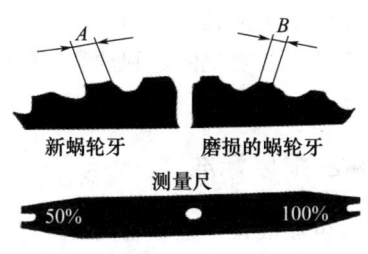

图 4-6　检测蜗轮齿牙磨损情况

对于伞齿齿轮减速机齿轮的磨损情况则可用卡尺检测,如图 4-7 所示。当齿轮磨损到 $B-2A>3mm$ 时,必须更换减速机。

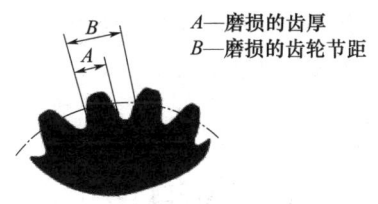

图 4-7　检查伞齿齿轮磨损情况

四、电机制动块和制动盘

(一)电机制动块的使用要求

电机制动器的电磁铁芯与衔铁之间的间隙由具独特功能的间隙自动跟踪调整装置控制,故在一定范围内间隙不受制动块磨损的影响,但当制动块磨损到接近转动盘厚度时,必须更换制动块。

(二) 电机旋转制动盘的磨损极限

电机制动盘由铜基丝末石棉材料制成,具有耐高温,耐磨损的特点。

电机旋转制动盘磨损极限量可用塞尺进行测量。当旋转制动盘摩擦材料单面厚度磨损到接近 1mm 时,必须更换制动盘。电机制动盘为易损件,如发现固定制动盘和衔铁也有明显的磨损时,应同时更换。

五、钢丝绳的报废标准

常见钢丝绳报废标准见《起重机钢丝绳保养、维护、检验和报废》(GB/T 5972—2016) 有关规定。

六、滑轮的报废标准

当出现以下任何一种状况时,滑轮必须报废。
(1) 滑轮有裂纹,不允许补焊;
(2) 滑轮绳槽径向磨损超过原绳径的 5%;
(3) 滑轮槽壁磨损超过原尺寸的 20%;
(4) 轮槽的不均匀磨损达 3mm;
(5) 轮缘破损;
(6) 轴套磨损超过轴套壁厚的 10%;
(7) 中轴磨损超过轴径的 2%。

第五章 施工升降机安装、拆卸中常见事故原因及预防措施

施工升降机由于安装、拆卸技术要求高、危险性大、使用频繁等特点,再加上露天作业,作业环境相对比较复杂,生产、租赁和安装单位门槛低,从事安装、拆卸作业人员的技术水平和素质参差不齐,导致施工升降机事故频发。本章选取了近年来发生的比较典型的施工升降机事故,对事故类型、发生原因等进行归纳分析,并提出相应的预防措施。

第一节 施工升降机安装、拆卸事故的类型及主要原因

一、起重伤害事故

指各种起重作业(包括起重机安、拆检修试验)中发生的挤、压、坠落(吊具、吊物)物体打击。

二、高处坠落事故

安装与拆卸过程中大多在高空作业,如果高处作业防护措施不到位则很容易造成高处坠落事故的发生。

三、触电安全事故

施工升降机在安装、拆除过程中如果施工升降机独立电源开关箱配备不到位,电源线存在破皮与裸露、未设漏电保护

器、接地不可靠等,则极易发生触电事故。

四、物体打击事故

在施工升降机安装、拆除过程中处于不稳定状态的物体在一定的外力作用下发生碰撞和反击运动,如果疏于防范将造成人或机械损伤的物体打击事故。主要有以下几方面原因:

(1) 对作业环境存在的不稳定物体疏于检查。

(2) 安全规程执行不力、安全风险评估不足,随意抛掷物件。

(3) 在高处传递物件不使用安全绳,运送物料捆绑方法不当。

(4) 安全意识淡薄,高处交叉作业不正确佩戴安全帽、安全带等劳动防护用品。

(5) 野蛮施工,防护措施不力,造成物件飞脱。

五、倾翻、倒塌事故

施工升降机的稳定性好不好,施工升降机基础是关键。如发生施工升降机基础不均匀沉降,造成施工升降机垂直超标,将不能安全投入使用,严重的将发生施工升降机倾翻、倒塌事故。

另外,设备、设施缺陷(强度不够、刚度不够、制动器与控制器缺陷、防护装置与安装装置缺陷、应力集中、外形缺陷等)未能得到有效解决,同样有可能发生施工升降机倾翻、倒塌事故。

第二节　施工升降机安装、拆卸事故的预防措施

(1) 施工升降机机组人员(安装、拆卸人员)必须持有效特种作业人员操作证上岗。

(2) 机组人员（装、拆人员）上岗前必须进行安全技术交底，按操作规程使用施工升降机。按照装、拆方案进行施工升降机的安装、拆卸工作。高处作业人员必须系安全带，安全带有可靠的系挂点。

(3) 每次加节或下降前机组人员（安装、拆卸人员），必须对施工升降机进行全面检查，液压系统、配电柜、操作系统、钢结构、连接螺栓、各安全保护装置等状况是否良好。

(4) 遇有 4 级风不得进行升降工作；遇 6 级及以上风停止作业。有条件的要掌握施工区域的天气情况。

(5) 施工升降机安装前必须到主管部门办理安装申请手续，安装检验合格，领取准用证后才可使用。施工升降机安装、拆卸前必须设警示区域。

(6) 如某一个限制器、保险装置失效时，应马上停止作业，立即进行抢修。更换零部件必须采用型号、材质符合技术要求的零部件。

(7) 定期进行检查，确保施工升降机各个部位安全装置齐全有效。

(8) 安装、拆卸要有专项的施工方案，并完成审核、审批程序。

(9) 施工升降机安装、拆卸过程中总包安全管理人员、监理人员、安装单位人员要全程旁站监督。

(10) 施工升降机与周围高压线、障碍物等毗邻建筑要保持安全距离。

(11) 施工升降机安装单位的资质证书、安全生产许可证和特种作业人员的操作资格证书要齐全，且均在有效期内。

(12) 安装完毕，安装单位要对设备进行自检，出具自检合格证明，按规定向使用单位进行交接。交接完成，使用单位要联合监理单位、安装单位、租赁单位进行"四方联合验收"，并在验收记录上签字确认。

(13) 发生事故立即向本单位负责人报告。

第三节 施工升降机安装、拆卸事故案例分析

一、河北衡水市翡翠华庭"4.25"施工升降机轿厢（吊笼）坠落重大事故

2019年4月25日7时20分左右，衡水市桃城区大庆路问津街东北角翡翠华庭项目在建1号楼建筑工地发生施工升降机轿厢坠落的重大伤亡事故，造成11人死亡，2人受伤。

（一）事故经过

衡水市桃城区大庆路问津街东北角翡翠华庭项目在建1号楼施工升降机第16、17节标准节连接位置西侧的两只螺栓未安装、加节与附着后未按规定进行自检、未进行验收即违规使用。2019年4月25日7时20分左右施工升降机上升至此处时发生倾翻坠落，最终导致11人死亡、2人受伤的重大安全事故。

（二）事故原因分析

1. 施工升降机第16、17标准节连接位置西侧的两只螺栓未安装、加节与附着后未按规定进行自检、未进行验收即违规使用，是造成事故的直接原因。

2. 涉事安装公司安装工程的程某、王某东、胡某3人，分别存在未按照施工升降机使用说明书、操作规程进行安装和紧固螺栓，仅凭经验进行安装作业；安装完成后，未按照升降机安全技术标准、安装使用说明书要求进行自检、调试、试运转，仅凭经验进行检查，未能发现事故升降机导轨架第16、17标准节西侧两只连接螺栓漏装的重大安全隐患，未出具自检合格证明，未按规定向使用单位进行交接等问题，对事故发生负直接责任。

3. 涉事工程公司副经理刘某，未按规定组织制定起重设备安全管理规章制度，未按规定组织对施工升降机安装专项施工方案进行审核，未进行方案交底和作业前交底，未安排专职设备管理人员对施工升降机进行安全检查和维修保养；在施工升降机现场安装时，未按规定安排专职设备管理人员、专职安全生产管理人员进行现场监督；违规将未经第三方检测和联合验收的施工升降机投入使用；指派无证人员操作施工升降机；未按规定配备项目安全管理人员，对事故发生负直接责任。

4. 翡翠华庭项目工长刘某义在施工升降机现场安装时，未按规定安排专职设备管理人员、专职安全生产管理人员进行现场监督；将未经第三方检验、安装单位自检、总包单位未组织验收的事故升降机违规投入使用；对无证人员操作施工升降机未采取制止措施。同样对事故发生负直接责任。

5. 衡水翡翠华庭工地安全员张某、项目经理于某森、项目总监理工程师于某华，安装公司生产经理程某明等4人因未落实安全等问题，被认定对事故发生负主要责任。涉事安装公司总经理程某，涉事建筑工程有限公司安全科长赵某军，被认定对事故发生负主要领导责任。

二、施工升降机吊笼冲顶坠落事故案例

2008年11月20日下午，某施工项目部在未安装调试到位的情况下启用施工升降机，发生一起施工升降机吊笼坠落事故，造成3人死亡。这是一起典型的人为责任事故。

（一）事故经过

因施工需要，该工程项目部向某建筑机械租赁公司租赁了一台SCD200/200A型施工升降机，由具有安装资质的租赁公司（下称安装单位）进行安装。因时间紧迫，安装单位在尚未制定安装方案，也未向工人进行安全技术交底的情况下，派出无证的安装人员到场安装，并约请生产厂家派出技术人员到场

指导安装工作。至 2008 年 11 月 15 日，该施工升降机导轨架安装到 28.8m 高度，并在建筑结构 2 层、5 层楼板面分别设置两道附墙装置，但吊笼安全钩未固定，上行程限位和上极限限位撞块（开关板）、天轮架、天轮、对重均未安装，安装单位未对施工升降机进行全面检查，亦未办理验收手续，即于 11 月 16 日向工程项目部出具了工作联系单，告知"安装验收完毕，交付项目使用，并于即日起开始收取租赁费"。11 月 20 日下午 6 时，由无证的女司机开动该施工升降机的一个吊笼，载 2 名工人驶向 9 楼，吊笼运行超出导轨架顶后从高空倾翻坠落，吊笼内 3 人当场死亡。

（二）事故原因分析

1. 使用时施工升降机上行程限位和上极限限位撞块均未安装，使上行程限位和上极限限位功能失效。

2. 安装单位未制定施工升降机安装方案和安全技术交底措施、未进行安全技术交底、未落实严格的安装验收手续，在尚未安装结束情况下就交付使用。

3. 安装单位安排无证人员安装设备。

4. 设备使用单位未履行施工升降机安装后交接验收手续就启用施工升降机。

5. 监理单位对尚未安装结束的施工升降机违规投入使用的行为未进行制止。

6. 设备使用单位安排无证人员担任施工升降机司机。

（三）事故预防和教训

1. 设备安装、使用单位内部管理混乱，企业领导安全意识淡薄，不遵守有关安全的法律法规，导致事故发生。

（1）安装单位未制定详细的施工升降机安装方案、安全技术措施和验收方案，也未进行安全技术交底，安排无证人员安装施工升降机，导致上行程限位撞块、上极限限位撞块、天轮架、天轮、对重均未安装，安全钩也未固定；设备安装后也未进行必要的检查、试验和验收就将设备交付给使用单位，并出具书面通知自称已安装验收完毕。安装单位的行为违反了《建设工程安全生产管理条例》第十七条"施工起重机械……安装完毕后，安装单位应当自检，出具自检合格证明，并向施工单位进行安全使用说明，办理验收手续并签字"的规定。

（2）设备使用单位（工程施工总承包单位）未组织出租单位、安装单位、工程监理等单位共同进行验收即启用设备，违反了《建设工程安全生产管理条例》第三十五条"施工单位在使用施工起重机械……前，应当组织有关单位进行验收"的规定。

（3）设备使用单位安排无证人员操作施工升降机，违反了《建筑起重机械安全监督管理规定》（建设部令第 166 号）第二十五条"建筑起重机械安装拆卸工、起重信号工、起重司机、司索工等特种作业人员应当经建设主管部门考核合格，并取得特种作业资格证后，方可上岗作业"的规定。

2. 设备生产厂家未能全面履行合同

施工升降机是使用单位租赁的新设备，按合同规定，该设备第一次安装时厂家派出技术人员有义务到现场进行技术指导，直至全面检查、调试、验收合格后，方可离开现场。但该厂技术人员在设备尚未安装结束，设备未进行试运转、验收合格后就匆匆离开现场，生产厂家存在失职行为。

三、施工升降机坠落事故案例

（一）事故经过

××××年×月×日 17 时 35 分左右，×市某工程施工现场发生施工升降机坠落事故，一台 SC200/200 型施工升降机自 18 层楼处坠落，机内共有 8 人，坠落发生后被立即送往医院，经抢救无效全部死亡。

××××年×月×日，该施工升降机初始安装，共安装

33节导轨架标准节，架设了5道附墙架，高度达到17层楼高。7月14日，根据施工需要进行加节作业，加装了12节导轨架标准节，高度达到23层，在第18层顶端水平梁上架设了第6道附墙架。事发时本次加节作业尚未完成，第34节和35节连接处（位于第18层楼）只在对角处安装了两个（东北、西南），螺栓，第35至第45节导轨架中只有第39节标准节两个端面安装了4个螺栓，其他端面均只安装了对角的2个螺栓；第36节之上安装9节标准节，共14.25m，未装附墙架；在第38节与第39节之间（位于第19层楼处）装有上限位碰铁（上限位开关尚未触碰上限位碰铁），但没有安装上极限碰铁。

×月×日17时35分，7名木工拟到24层进行模板支护作业，连同1名瓦工（工地指定施工升降机司机操作人员，无施工升降机操作资格证书）一起乘施工升降机西侧吊笼上行至19层楼时，施工升降机导轨架上端发生倾翻，第36节标准节的中框架上所连接的第6道附墙架的小连接杆耳板断裂、大连接杆后端水平横杆撕裂，导轨架自第34节和第35节连接处断开，施工升降机西侧吊笼及与之相连的第35节至第45节标准节坠落地面，8名乘坐施工升降机的人员随之一同坠落地面，造成8人死亡。

（二）事故原因分析

1. 直接原因

（1）在施工升降机本次加节作业尚未完成、未经验收的情况下，使用单位的施工升降机操作者搭载7名施工人员上行到第19层楼，超过了安全使用高度。

（2）在导轨架第34、35标准节连接处只有对角2个连接螺栓，达不到安装要求。

（3）第6道附墙架未安装可调连接杆，大连接杆的后水平横杆拼接补焊，不符合设计要求。

（4）使用说明书要求导轨架自由端高度不大于 7.5m，第 6 道附墙架以上导轨架自由端高度达到 14.25m，增加了自由端对导轨架中心产生的倾翻力矩（不平衡弯矩）。当西侧吊笼上行至第 19 层楼时，吊笼和人员质量及导轨架自由端附加弯矩对导轨架中心产生的倾翻力矩作用在第 6 道附墙架上，超出了附墙架的承载能力，致使附墙架断裂；第 35、36 标准节连接面产生分离趋势，第 36 节以上的导轨架及吊笼向西倾翻，倾翻力矩瞬间增加，导致第 35 节以上导轨架失稳，第 34 节（东南角）上部和第 35 节（西北角）下部标准节撕裂，第 34 节和第 35 节标准节连同吊笼及上部导轨架倾翻坠落。

2. 间接原因

（1）施工单位管理混乱，安全生产主体责任不落实。该施工单位安全生产责任制，安全管理规章制度不健全，未严格落实教育培训制度，未按规定定期组织事故应急演练；施工项目部机构不健全、管理人员不到位，安排不具备项目经理资格的人作为项目负责人履行项目经理职责。在原《施工许可证》已废止、未重新申办《施工许可证》的情况下擅自开工建设；将承包工程全部肢解转包给个人施工；公司总部未对工程项目部施工现场管理情况进行安全检查，未能及时发现问题并整改，事故施工升降机安装、使用过程中存在违规行为。

（2）该项目部未能有效履行项目部管理职责。该施工项目部没有明确安全管理人员，没有建立安全生产规章制度，对各承包人承建的施工现场"以包代管"，安全管理基本失控，未落实现场施工人员教育培训制度，未按规定组织应急演练，没有开展班组安全技术交底，未审核施工升降机安装单位和安装人员资质、专项施工方案；对监理单位申报的施工升降机安装单位资质和人员资格、报检手续不全等问题未采取有效措施予以解决，致使施工升降机违规投入使用。

（3）施工承包人安全意识极其淡薄，未组织进场施工人员进行安全教育培训，未进行必要的班组技术交底；明知该设备租赁公司无施工升降机安装资质仍与其签订租赁安装协议，由其进行施工升降机安装；在施工升降机未进行自检、专业检验检测和使用、租赁、安装、监理等单位"四方"验收的情况下，违规使用施工升降机，且安排无操作资格人员操作施工升降机；对监理单位提出的监理通知单要求整改事项置之不理，对施工现场安全管理不到位，致使现场存在大量事故隐患。

（4）设备租赁单位安全生产主体责任严重不落实。严重违反施工升降机安装使用有关规定。无安装资质承揽施工升降机安装业务，违规从事起重机械安装作业及施工升降机安装作业；未编制专项施工方案，也未按要求向主管部门告知，且安排无施工升降机安拆作业资格的人员参与安装作业。安装完成后，未严格按要求进行自检、专业机构检验检测，也未经过使用单位、租赁单位、安装单位、监理单位四方联合验收，即默认使用单位投入使用。加节作业时，违规使用不合格附墙架，施工升降机加节和附着安装不规范，加装的部分标准节只有两个螺栓连接，自由端高度严重超标，未能使已安装的部件达到稳定状态并固定牢靠的情况下停止了安装作业，也未采取必要的防护措施，没有设置明显的禁止使用警示标志。

（三）事故的教训

设备安装、使用单位内部管理混乱，企业领导安全意识淡薄，不遵守有关安全的法律法规，导致事故发生。

1. 设备租赁公司单位无安装资质承揽施工升降机安装业务，未制订安装方案和安全技术措施，也未进行安全技术交底，还安排无证人员安装设备。违反了《建设工程安全生产管理条例》第十七条"施工起重机械安装完毕后，安装单位应当自检，出具自检合格证明，并向施工单位进行安全使用说明，办理验收手续并签字"的规定。

2. 设备使用单位在施工升降机未进行自检、专业检验检测和使用、租赁、安装、监理等单位"四方"验收的情况下，违反了《建设工程安全生产管理条例》第三十五条"施工单位在使用施工起重机械前，应当组织有关单位进行验收"的规定。违规使用施工升降机，且安排无操作资格人员操作施工升降机，违反了《建筑起重机械安全监督管理规定》第二十五条有关建筑起重机械安装拆卸工、起重信号工、起重司机、司索工等特种作业人员应当经建设主管部门考核合格，并取得特种作业操作资格证后，方可上岗作业的规定。

下 篇
安全操作技能

第六章　施工升降机安装、拆卸的安全操作规程

（1）参与施工升降机安装、拆卸作业的操作司机、安装拆卸工、起重信号司索工和电工等人员应经专业培训，建设主管部门考核合格，并取得《建筑施工特种作业人员操作资格证书》。

（2）在安装拆卸作业前必须对所使用的辅助起重设备和工具的性能和安全操作规程有全面的了解，并进行认真的检查合格后，方可使用。

（3）在安装拆卸作业前，应认真阅读使用说明书和安装拆卸专项施工方案，熟悉装拆工艺和程序，掌握零部件的质量和吊点位置。作业过程中严禁擅自改动安装拆卸工艺流程。

（4）施工升降机的安装、拆卸作业必须在指定的专门指挥人员的指挥下作业，其他人员不得发出指挥信号。当视线阻隔和距离过远等导致指挥信号传递困难时，应采用对讲机或多级指挥等有效的措施进行指挥。

（5）安装、拆卸作业前，安装、拆卸技术人员应根据施工升降机安装、拆卸工程专项施工方案和使用说明书的要求，对作业人员进行安全技术交底，并由作业人员在交底书上签字。超过一定规模的危险性较大的分部分项工程，专项施工方案实施前，编制人员或者项目技术负责人应当向施工现场管理人员进行方案交底。施工现场管理人员应当向作业人员进行安全技术交底，并由双方和项目专职安全生产管理人员共同签字确认。

（6）进入现场的作业人员必须正确佩戴安全防护用品，高处作业人员应系挂安全带，穿防滑鞋。作业人员严禁酒后

作业。

(7) 当遇大雨、大雪、大雾或风速大于 13m/s 等恶劣天气时,应立即停止安装或拆卸作业。

(8) 安装、拆卸作业范围应设置警戒线及明显的警示标志,并设专人监护,非作业人员不得进入警戒范围。任何人不得在悬吊物下方行走或停留。

(9) 对各个安装部件的连接件必须按规定安装齐全、固定牢固,并在安装后做详细检查。高强度螺栓的安装必须使用力矩扳手或专用扳手,以达到使用说明书要求的力矩要求,且安装时高强度螺栓应由下往上安装,避免造成安全隐患。

(10) 安装作业时严禁从高空以投掷的方法传递工具和器材。

(11) 吊笼顶上所有的安装零件和工具,必须放置平稳,禁止露出安全防护栏外。

(12) 安装、拆卸时不应倚靠在吊笼顶安全护栏上,防止施工升降机启动时出现危险。施工升降机运行时,作业人员的头、手不能露出吊笼顶安全护栏外。

(13) 安装、拆卸作业时必须将按钮盒或操作盒移至吊笼顶部操作。不允许人员在吊笼内操作。

(14) 安装作业过程中安装作业人员和工具等总荷载不得超过施工升降机的额定安装载质量。

(15) 加节顶升到规定高度后,必须安装附墙架后方可继续加节。每次加节完毕后,应对施工升降机导轨架的垂直度进行校正,且应按规定及时重新设置行程限位和极限限位,经验收合格后方能运行。在拆卸导轨架过程中,不允许提前拆卸附墙架。

(16) 利用吊杆进行拆装作业时,严禁超载。当吊杆上有悬挂物时,严禁开动施工升降机。

(17) 当导轨架或附墙架有人员作业时,严禁开动施工升降机。

(18) 防坠安全器进行坠落试验时,吊笼内不允许载人。

(19) 安装时应确保施工升降机运行通道内无障碍物。安装结束后,吊笼上所有零件或工具必须全部清理,清扫传动、啮合部分的杂物、垃圾。

(20) 当发现故障或危及安全的情况时,应立刻停止安装作业,采取必要的安全防护措施,应设置警示标志并报告技术负责人。在故障或危险情况未排除之前,不得继续安装作业。

(21) 当遇意外情况不能继续安装作业时,应使已安装的部件达到稳定状态并固定牢靠,经确认合格后方能停止作业。作业人员下班离岗时,应采取必要的防护措施,并应设置明显的警示标志。

(22) 拆卸前应对施工升降机的关键部件进行检查,当发现问题时,应在问题解决后方能进行拆卸作业。

(23) 施工升降机拆卸应连续作业。当拆卸作业不能连续完成时,应根据拆卸状态采取相应的安全措施。

(24) 特种作业操作资格证书有效期为三年,有效期满需要延期的,持证人应当于期满前三个月向考核发证机关办理延期复核手续。严禁证书超期的人员进行作业。

(25) 首次取得资格证书的特种作业人员实习期间,用人单位要指定专人指导和监督作业。

(26) 施工升降机每班开始工作前应进行检查和维护保养,其情况应记入交接班记录。

(27) 任何高处作业必须系挂安全带,高度超过 2 米的临边以及悬空作业即为高处作业。安全带不使用时要妥善保管,不可接触高温、明火、强酸或尖锐物体,不要存放在潮湿的仓库中保管。

(28) 如果施工升降机是新机,安装后,应当按照产品说明书要求进行润滑。

第七章　施工升降机安装、拆卸前的检查和准备

第一节　施工升降机安装与拆卸的基本条件

一、施工升降机安装与拆卸的技术条件

（1）施工升降机生产厂必须持有国家颁发的特种设备制造许可证。

（2）施工升降机应当有监督检验证明、出厂合格证和产品设计文件、安装及使用维修说明、有关型式检验合格证明等文件，并已在产权单位工商注册所在地县级以上建设主管部门备案登记。

（3）应有配件目录及必要的专用随机工具。

（4）对于购入的旧施工升降机应有两年内完整的运行记录及维修、改造资料。

（5）对改造、大修的施工升降机要有出厂检验合格证、监督检验证明。

（6）施工升降机的各种安全装置、仪器仪表必须齐全和灵敏可靠。

（7）有下列情形之一的施工升降机，不得出租、安装、使用：

① 属国家明令淘汰或者禁止使用的。

② 超过安全技术标准或制造厂家规定使用年限的。

③ 经检验达不到安全技术标准规定的。
④ 没有完整安全技术档案的。
⑤ 没有齐全有效的安全保护装置的。

二、施工升降机安装拆卸的基本要求

（1）从事施工升降机安装、拆卸活动的单位应当依法取得建设主管部门颁发的起重设备安装工程专业承包资质和建筑施工企业安全生产许可证，并在其资质许可范围内承揽建筑起重机械安装工程。

（2）从事施工升降机安装与拆卸的操作人员、起重指挥、电工等人员应当年满18周岁，具备初中以上的文化程度，经过专门培训，并经建设主管部门考核合格，取得《建筑施工特种作业人员操作资格证书》。

（3）施工升降机安装单位和使用单位应当签订安装、拆卸合同，明确双方的安全生产责任；实行施工总承包的，施工总承包单位应当与安装单位签订建筑起重机械安装工程安全协议书。

（4）施工升降机的安装、拆卸必须根据施工现场的环境和条件、施工升降机的安装位置、施工升降机的状况以及辅助起重设备的性能条件，制定安装拆卸方案，进行技术交底。

（5）在装拆前，装拆人员应分工明确，每个人应熟悉和了解各自的操作工艺和使用的工具、器具，装拆过程中应各就各位，各负其责，对主要岗位应在技术交底中明确具体人员的工作范围和职责。

（6）装拆作业总负责人应全面负责和指挥装拆作业。在作业过程中应在现场协调、监督地面与空中装拆人员的作业情况，并严格执行装拆方案。

（7）作业空间的外沿与外电线路的距离应符合国家标准规定的最小安全距离。达不到要求的应进行防护。

（8）安装、拆卸作业应设置警戒区域，并设专人监护，无关人员不得入内。专职安全生产管理人员应现场监督整个安装拆卸程序。

（9）安装、拆卸、加节或降节作业时，最大安装高度处的风速不大于 13m/s，当有特殊要求时，按用户和制造厂的协议执行。

（10）遇有雨、大雪、大雾等影响安全作业的恶劣气候时，应停止安装、拆卸作业。

（11）遇有工作电压波动大于 ±5% 时，应停止安装、拆卸作业。

第二节　施工升降机安装拆卸专项施工方案

一、方案的编制

（一）编制安装拆卸方案的依据

1. 施工升降机使用说明书；
2. 国家、行业、地方有关施工升降机的法规、标准、规范等；
3. 安装拆卸现场的实际情况，包括场地、道路、环境等。

（二）安装拆卸方案的内容

1. 安装拆卸现场环境条件的详细说明；
2. 施工升降机安装位置平面图、立面图和主要安装拆卸难点；
3. 对施工升降机基础的外形尺寸、技术要求以及地基承载能力（地耐力）等要求；
4. 详细的安装及拆卸的程序，包括每一程序的作业要点、安装拆卸方法，安全、质量控制措施；
5. 施工升降机主要零部件的质量及吊点位置；
6. 所需辅助设备、吊具、索具的规格、数量和性能；

7. 安装过程中应自检的项目以及应达到的技术要求；
8. 安全技术措施；
9. 必要的计算资料；
10. 人员配备及分工；
11. 重大危险源以及事故应急预案。

二、方案的审批

施工升降机的安装拆卸方案应当由安装单位技术部门组织本单位施工技术、安全、质量等部门的专业技术人员进行审核。经审核合格的，由安装单位技术负责人签字，并报总承包单位技术负责人签字。不需专家论证的专项方案，安装单位审核合格后报监理单位，由项目总监理工程师审核签字。需专家论证的专项方案，安装单位应当召开专家论证会。实行施工总承包的，由施工总承包单位组织召开专家论证会。安装单位应当根据论证报告修改完善专项方案，并经安装单位技术负责人、总承包单位技术负责人、项目总监理工程师、建设单位项目负责人签字后，方可组织实施。

第三节　施工升降机安装拆卸前的安全技术交底

一、安装单位技术人员应根据安装、拆卸方案向全体安装人员进行技术交底，重点明确每个作业人员所承担的拆装任务和职责以及与其他人员配合的要求，特别强调有关安全注意事项及安全措施，使作业人员了解拆装作业的全过程、进度安排以及具体要求，增强安全意识，严格按照安全措施的要求进行工作。交底应包括以下内容：

（1）施工升降机的性能参数。
（2）安装、附着及拆卸的程序和方法。
（3）各部件的连接形式、连接件尺寸以及连接要求。

（4）安装拆卸部件的质量、重心和吊点位置。

（5）使用的辅助设备、机具、吊索具的性能以及操作要求。

（6）作业中安全操作措施。

（7）其他需要交底的内容。

二、由技术人员向全体作业人员进行技术交底，每一个作业人员应进行书面签字认可。

第四节 施工升降机安装前的检查

（1）对地基基础进行复核。施工升降机地基基础必须满足产品使用说明书要求。施工升降机基础设置在地下室顶板、楼面或其他下部悬空结构上的，应对其支撑结构进行承载力计算。当支撑结构不能满足承载力要求时，应采取可靠的加固措施，经验收合格后方能安装。

（2）检查附墙架附着点。附墙架附着点处的建筑结构强度应满足施工升降机产品使用说明书的要求，预埋件应可靠地预埋在建筑物结构上。

（3）核查结构件及零部件。安装前，应检查施工升降机的导轨架、吊笼、围栏、天轮和附着架等结构件是否完好、配套，螺栓、轴销、开口销等零部件的种类和数量是否齐全、完好，对有可见裂纹的、严重锈蚀的、严重磨损的、整体或局部变形的构件应进行修复或更换，直至符合产品标准的有关规定后方可进行安装。

（4）检查安全装置是否齐全、完好。

（5）检查零部件连接部位除锈、润滑情况。检查导轨架、撑杆、扣件等构件的插口销轴、销轴孔部位的除锈和润滑情况，确保各部件涂油防锈，滚动部件润滑充分，转动灵活。

(6)检查安装作业所需的专用电源的配电箱、辅助起重设备、吊索具和工具,确保满足施工升降机的安装需求。所有项目检查完毕,全部验收合格后方可进行施工升降机的安装。

第五节 施工升降机拆卸前的检查和注意事项

一、拆卸前的检查

(1)检查拆卸施工升降机的基础部位及附着装置。
(2)检查各机构的运行情况。
(3)检查拆卸现场周边环境,确保作业场地路面平整、坚实,不得有任何障碍物。

二、拆卸作业注意事项

(1)施工升降机拆卸过程中应认真检查各部件的连接与紧固情况,发现问题及时整改,确保拆卸时施工升降机工作安全可靠。

(2)拆卸导轨架时,要确保吊笼的最高导向滚轮的位置始终处于被拆卸的导轨架接头之下,且吊具和安装吊杆都已到位,然后才能卸去连接螺栓。

(3)拆卸导轨架,先将导轨架连接螺栓拆下,然后用吊杆将导轨架放至吊笼顶部,吊笼落到底层卸下导轨架。

注意:吊笼顶部的导轨架不得超过3节。

(4)拆卸工作完成后,拆卸下的螺栓、轴销、开口销应分类存放;施工场地上作业时所用的索具、工具、辅助用具和各种零配件和杂物等应及时清理。

(5)施工升降机拆卸前的检查是一项重要的工作,安装单位应制定企业的检查标准,人员必须严格遵循其标准。

第八章 施工升降机主要零部件的性能及可靠性的判定

第一节 易损件更换

对吊笼进行维修保养工作时，需切断总电源！在检查时，吊笼必须停在底部的缓冲弹簧上。有对重装置的，必须将吊笼锁住在导轨架上。

一、更换电动机

（1）取下吊笼顶部的顶孔盖（提升装置的吊钩可从此顶孔放入）。

（2）拆除电动机的电气接线，做好标记，以便更换电动机后重新接线。

（3）将起重量大于 200kg 以上的起重设备或器具（汽车吊、神仙葫芦等）设置在被更换电动机的上方。

（4）拆除驱动板上减速器和电机支座的连接螺栓，卸下减速器和电动机总成。

（5）拆除电动机和减速器连接法兰四周的螺栓并取出电动机。

（6）松开止退螺钉，使用三爪拉模将半联轴器从电动机主轴上卸下。

（7）用锂基润滑脂润滑新电动机的主轴，并用安装工具将半联轴器重新装入新电动机主轴，然后拧入止动螺钉。

(8) 把楔块放置在电机制动器松闸把手下面，使电机松闸。

(9) 让左右两个半联轴器吻合，使其间隙符合要求，并用螺栓连接电动机与减速器。安装后，电动机轴与蜗杆轴的同轴度误差≤0.05mm。

(10) 提起带减速器的电动机，将其用螺栓和电机支座紧固到传动底板上，减速器与底板连接螺栓的拧紧力矩为170N·m。

(11) 拆除起重设备或器具。

(12) 连接电缆，装上电机罩壳，并拆除制动器松闸把手下面的楔块（或使螺母复位）。

(13) 调整制动力矩。

(14) 安装已被拆卸的吊笼孔盖。

(15) 接通总电源并进行试车运行，确保制动器工作正常。

第二节 电磁盘式制动器的保养

电磁盘式制动器的主要部件是直流电磁铁，装有可以让轴向自由移动的制动垫片的可转制动盘。两个固定式制动盘（其中分别是电磁铁/随制动垫片自动跟踪的衔铁）。电磁铁与衔铁之间的装置为电磁盘式制动器（图8-1）。

(1) 当电磁铁线圈3不通电时，制动器施加制动力矩，制动弹簧7通过可轴向自由移动的衔铁5将制动垫片10压向固定制动盘17上。当电磁铁线圈通电时制动器松闸。

(2) 随着制动垫片10的磨损，制动器可持续自动调节，即通过衔铁5和电磁铁框架朝可转制动盘8自动靠近进行调节，电磁铁与衔铁之间的距离是恒定的。

(3) 当制动盘与制动块磨损到一定程度时必须更换，如图8-1所示。

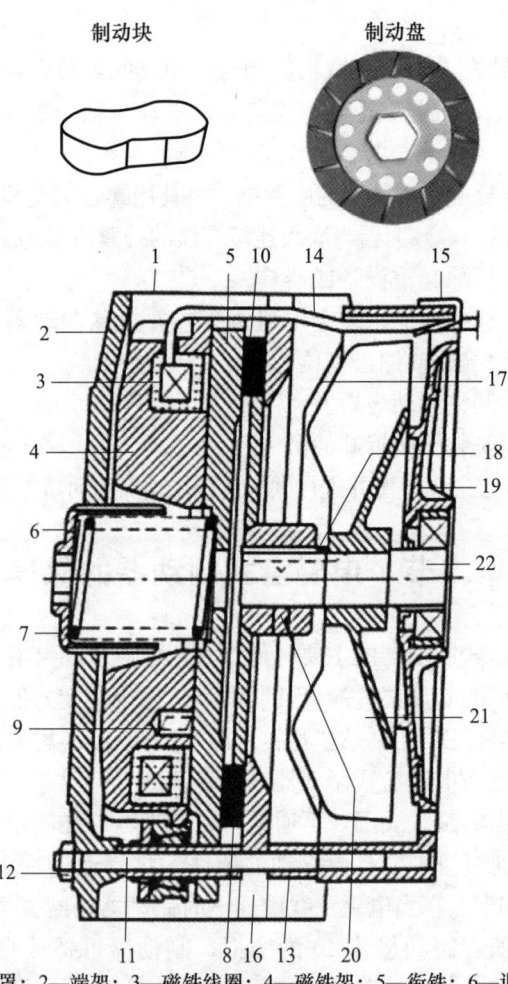

1—防护罩；2—端架；3—磁铁线圈；4—磁铁架；5—衔铁；6—调整轴套；7—制动器弹簧；8—可转制动盘；9—压缩弹簧；10—制动垫片；11—螺栓；12—螺母；13—垫圈；14—线围电缆；15—电缆夹子；16—固定制动盘；17—风扇罩；18—键；19—电动后端罩；20—紧定螺栓；21—电动风扇；22—电动机主轴

图 8-1　电磁盘式制动器

第三节　主要零部件的更换

一、防坠安全器的更换

（1）打开安全器下的罩盖，拆除至微动开关的电线。
（2）松开与安全器板固定的螺栓，拆下防坠安全器。
（3）装上新的防坠安全器，将固定法兰紧贴安全器板后，拧紧与安全器板的连接螺栓。
（4）接通至微动开关的电线并进行坠落试验。

二、导向滚轮的更换

当导向滚轮已达到季度检查条款所规定的磨损极限，虽经调整偏心轴至极限情况，仍不能满足导向滚轮的间隙调整规定的间隙要求，导向滚轮应予以更换。

三、侧导向滚轮的更换

（1）锁住（或搁置）吊笼，放松将更换的侧导向滚轮载荷。
（2）用专用扳手拆下侧导向滚轮。
（3）安装新侧导向滚轮，转动侧导向滚轮的偏心轴。
（4）拧紧固定位螺栓，拧紧力矩为200N·m。

四、上双导向滚轮的更换

（1）在导轨架立柱管与安全钩之间塞一楔铁，将吊笼固定在导轨架上。
（2）导向滚轮拆下时，楔铁应有足够的支撑性，使吊笼不能下滑。
（3）松开导向滚轮的定位螺栓，转动偏心轴，使导向轮和导轨架立柱管间有适当间隙。

（4）拆下旧导向滚轮。

（5）安装新导向滚轮，调整导向滚轮的偏心轴直至楔铁松动落下，然后拧紧定螺栓，拧紧力矩为170N·m。

五、下双导向滚轮的更换

（1）在下安全钩与导轨架立柱管外面塞一楔铁，将吊笼固定在导轨架上。

（2）松开下双导向滚轮装置中心轴螺母，将双导向滚轮装置整体拆下。

（3）松开导向滚轮装置的定位螺栓或螺母，从双导向滚轮装置上拆下旧导向滚轮。

（4）装上新的导向滚轮，先不要拧紧定位螺栓或螺母。

（5）将装有新导向轮的下双导向滚轮装置重新装到原位，中心轴拧紧力矩为600N·m。

（6）调整导向轮的偏心轴，直至楔铁松动落下，拧紧导向滚轮的定位螺栓（拧紧力矩为170N·m）。

六、传动齿轮的更换

安装前，可先检查传动齿轮的磨损情况，以便于更换。

建议：即使磨损量尚未达到最大允许值，经鉴定只能短期工作的齿轮，亦予以更换。

对已投入使用的施工升降机，在更换传动齿轮时必须将吊笼停稳在垫有枕木的底架上，所垫枕木的高度必须大于缓冲弹簧的高度，且要垫平、垫实，使齿轮卸载。然后，按下述程序更换：

（1）拆除传动齿轮轮外侧的轴用弹性挡圈、用专用拆卸工具拆卸旧齿轮（图8-2）；

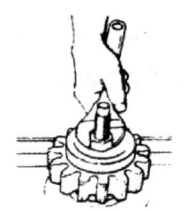 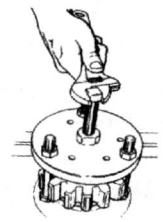

图 8-2　齿轮拆卸示意图

（2）清洁并润滑主轴花键，然后装上新的传动齿轮；
（3）装上轴用弹性挡圈；
（4）按相关内容检查齿轮和齿条的啮合情况，并作调整；
（5）移去吊笼下所垫枕木。齿轮拆卸示意图如图 8-2 所示。

七、标准节的更换

当标准节主弦管壁厚最大减少量为出厂额定厚度 25％时，此标准节应当报废或降低规格使用。

八、齿条的更换

当齿条已达磨损极限或损坏，则按下述程序予以更换：
（1）拆卸旧齿条（拆卸有困难时，可用气焊加热齿条，以松开螺栓）。
（2）清洁齿条垫块上的螺纹孔。
（3）安装新齿条，螺栓的拧紧力矩为 170N·m。

九、背轮的更换

（1）用专用夹具分别将传动齿轮和防坠安全器齿轮与齿条夹紧，使背轮卸载。

(2) 拆下旧背轮。

(3) 装上新背轮,调整偏心轴套,使背轮与齿条背面的间隙为 0.5mm,然后拧紧固定螺栓,拧紧力矩为 300 N·m。

(4) 拆卸专用夹具弓形夹具。

十、蜗杆减速器的更换

(1) 按"更换电动机"所述程序将电动机和蜗杆减速器分开。

(2) 使用专用拉模从减速器上卸下半个联轴器。

(3) 清除减速器内的润滑油。

(4) 若将传动齿轮装到新的减速器上,应遵照"传动齿轮的更换"程序进行。

(5) 给新减速器的输入轴涂抹润滑油脂,安装卸下的半个联轴器。

(6) 把楔块放置在电动机制动器松闸把手下,使电机松闸。

(7) 使减速器一侧和电机一侧的两个半联轴器吻合,其间隙符合要求,并用螺栓连接电机和减速器。同时须确保电动机轴与蜗杆轴的同轴度误差$\leqslant 0.05$mm。

(8) 按"更换电动机"相关程序安装减速器和电动机的总成。

第九章 施工升降机防坠安全器动作后的检查与复位处理方法

第一节 重要说明

首次使用的升降机或重新安装后的升降机,导轨架安装至 10.5m 时应进行额定安装载荷坠落试验。在安装完毕投入正常使用前应进行一次额定载荷坠落试验,升降机在正常运行后,每三个月进行一次坠落试验。

安全器(又称限速器)出厂两年后(按铭牌上日期)必须送厂检测,检测合格后方可继续使用。以后使用中每满一年进行一次检测。

坠落试验前要确保电机制动器工作正常,进行坠落试验时,笼内不能有人,带对重系统的升降机必须挂对重体。

第二节 安全器使用要求

(1) 安全器出厂时均已调整好并用铅封住,用户不得随便损坏铅封。

(2) 坠落试验时,安全器动作不正常(如吊笼制动距离不为 0.25~1.2m,或未实现机电联锁),应查明原因,重新调整。

(3) 安全器有异常现象(如零件损坏),应立即停止使用并更换。

(4) 安全器动作后，必须按规定进行调整使其复位，否则不允许开动升降机。

第三节　坠落试验

(1) 在安装工况下，按额定安装载质量加载，在工作工况按额定载质量加载，并使载荷分布均匀。

(2) 切断下电箱主电源，按附图将坠落试验按钮盒插头插入上电箱相应插座。

(3) 将试验按钮盒拉出吊笼，并确保坠落试验时电缆不会被卡后，撤离笼内人员，关闭所有门，合上主电源。

(4) 试按"上行""坠落"按钮，确保其功能的准确性。

(5) 按"上行"按钮，使吊笼升至距地面 10m 左右。

(6) 按"坠落"按钮，不松开，吊笼自由坠落，待安全器动作后吊笼自动刹车。正常情况下，自听到安全器制动声"哐啷"响后算起，制动距离为 0.25～1.2m，安全器使吊笼制动的同时，通过机电联锁切断电源。

(7) 若安全器动作，但未切断电源，即按"上行"按钮，吊笼仍可上升，此时应调整或更换安全器联锁开关，按"6.5"复位后，重做坠落试验，直到合格。

注意：如果吊笼自由下落距地面 3 米左右仍未停止，立即松开"坠落"按钮使吊笼刹车，点动落下，查明原因再作试验。

(8) 使安全器复位。

(9) 复位完成后，开动吊笼向上运行 1m 左右，然后下降吊笼至地面，去除笼内载荷。

(10) 拆除坠落试验线，将安全器盖盖好。

注意：复位完成后，吊笼必须是先向上运行 1 米，否则安全器将再次动作。

第四节 安全器检查

若升降机在正常工作中安全器发生动作，应按以下内容查明原因，并采取相应措施后才能进行复位。

(1) 检查电磁制动器是否工作正常。
(2) 检查减速器和联轴器是否工作正常。
(3) 检查吊笼滚轮、背轮是否工作正常。
(4) 检查对重系统是否工作正常。
(5) 检查吊笼是否与小车架脱离。
(6) 检查齿轮齿条啮合是否正常。
(7) 检查安全器有无故障。

第五节 安全器动作后的复位

(1) 关闭所有的门，使各限位开关、极限限位开关、急停按钮、电锁等处于导通状态。
(2) 拆下螺钉 1 和端盖 2。
(3) 拆下螺钉 3。
(4) 用专用复位工具松开圆螺母 7，直到销 6 的末端与安全器末端平齐，此时上电箱控制回路中主交流接触器吸合。
(5) 使圆螺母上 4 个螺孔对正后拧上螺钉 3。
(6) 装上盖 2 和螺钉 1。
(7) 拆下盖 9，尽量用手拧紧螺钉 8 后，用扳手再旋紧 30°。
(8) 复位人员撤离吊笼。
(9) 按"上行"按钮，使升降机上行至少约 1m。
(10) 用专用工具复位时，安全器的型号不同，旋转的方向也不同。SAJ3.0-1.2 型安全器按逆时针旋转。SAJ4.0-1.2（A）、

SAJ4.0-1.6、SAJ4.0-2.0 型号安全器按顺时针旋转。

（11）如果销 6 低于安全器末端平面距离 L 大于 8mm，安全器必须更换。安全器的复位如图 9-1 所示。

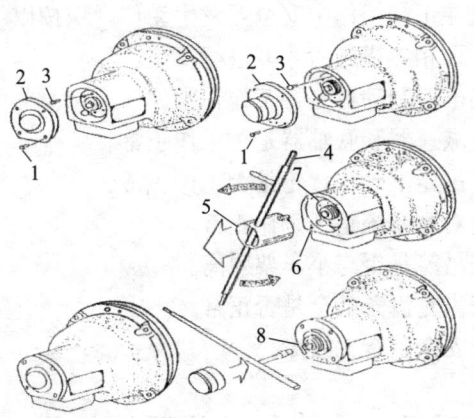

1—罩盖螺钉 2—端盖 3—螺钉 4—手柄 5—复位专用工具
6—销 7—螺母 8—螺栓

图 9-1 安全器的复位

第十章　施工升降机紧急情况处置方法

由于施工现场情况复杂，作为露天使用的施工升降机更容易受到周围突发因素和渐发因素的影响，所以施工升降机司机在操作吊笼上下行驶的时候要时刻保持清醒与警惕。学习施工现场紧急情况和重大事故应急预案是项目级安全教育的基本内容。

当发生紧急情况时，一定要保持冷静并且做出相应的反应。下面介绍几种施工升降机常见紧急情况的应急处置方法。

第一节　吊笼运行时施工现场突然断电的应急处理

当施工升降机在运行中间由于电源故障或其他电气（熔断器、电机热继电器）故障，使吊笼在停层之间突然停止，在确认没有其他方法的情况下则建议由接受过培训的专业人员来进行手动释放操作，具体方法如下：

（1）当驱动系统只有一台电机时，将电机尾端制动器的手动释入拉手或拉杆缓慢向外拉出，使吊笼缓慢向下滑行，如图 10-1 所示。

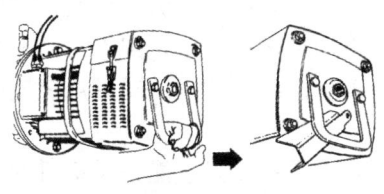

图 10-1

(2) 当驱动系统上有 2 台或 2 台以上电机时，需将其中 1 台或者多台电机制动器用顶杆顶起松开制动器，而只剩 1 台电机进行手动释放操作。

在顶松其中 1 台或多台制动器的过程必须逐台缓慢操作；如果在顶松过程发现吊笼下滑，应该立即取消顶松，让制动器恢复制动。

(3) 在顶松 1 台或者数台制动器后，剩下的制动器的合成刹车力矩不足以刹住吊笼，特别是在满载的情况下。

(4) 可能是剩下的制动器中有部分已经磨损严重，甚至已经失去刹车能力。

如果遇到此种情况，首先可以调换释放的制动器和顺序。如果遇到以下状况，则需要同时释放多台制动器。例如：驱动系统有 3 台电机，在释放第 2 台电机时出现吊笼下滑，则要求操作者同时手动释放 2 台制动器下滑。

第二节　吊笼在高处静止时自行下滑的应急处理

高空处的吊笼在上了若干人员、装载了一些物料后突然自行下滑，这种情况也可能发生在上行后停止在某层时，司机必须意识到下滑速度会越来越快，将演变成坠落。此时应保持冷静，迅速按下急停按钮。如果吊笼没有停止仍旧向下滑行，则立即将急停按钮复位，按下"启动"按钮，再操作"下行"按钮，开动吊笼向下正常运行，电动机如能正常工作，则一直运行至地面。如果电动机没有反应，则人工已无法进行干预了，此时，防坠安全器将会在下坠速度超过规定速度后立即动作，迫使吊笼停止。

造成吊笼自行下滑的原因可能是电动机的制动力矩太小，或者制动块、制动盘已经磨损过度，或制动盘面被油污染以及超载等。试运行时可压紧制动弹簧。

虽然再下滑时即使司机不采取任何措施，安全器也会制停吊笼，但从下滑开始至安全器动作仍有一小段时间，应在安全器动作之前尝试上述操作步骤以控制吊笼，而且安全器发生动作的话，会对吊笼笼体、备轮和导轨架产生一定的冲击，有可能会发生其他意外。因此，再下滑发生时，不能因为惊恐或相信安全器而不作反应、任由吊笼下滑。

第三节　吊笼发生火灾的应急处理

当吊笼内突然遇到电气设备或货物发生燃烧，司机应立即停止施工升降机的运行，及时切断电源，并用吊笼内备用的灭火器来灭火。然后及时报告有关部门负责人，抢救伤员并疏散所有乘员。

使用灭火器时要注意，在电源没有切断之前，应用1211、干粉、二氧化碳等灭火器来灭火。待电源切断后，方可使用酸碱、泡沫等灭火器灭火。

水是最常用、最经济的灭火剂，取用方便，资源丰富，但要注意水不能用于扑救带电设备的火灾。适用于扑救金属火灾的是D类干粉灭火器。1211灭火器亦可用于带电火灾，但因环境污染现已很少使用，当吊笼内发生火灾时，在未切断电源的情形下严禁使用泡沫灭火器。

发生火灾时，需要拨打的火警电话为119。

当火灾较大逃离吊笼至楼内，且火灾使下行楼梯受阻，疏散通道被大火阻断，确认无法逃生地面时，可撤退至楼顶施工层的上风处，求得暂时性的自我保护。

参考文献

一、引用标准

1. 中华人民共和国国家质量监督检验检疫总局，中国国家标准化管理委员会．施工升降机安全规程：GB 10055—2007［S］．北京：中国标准出版社，2007．

2. 中华人民共和国国家质量监督检验检疫总局，中国国家标准化管理委员会．机械电气安全指示、标志和操作第 1 部分：关于视觉、听觉和触觉信号的要求：GB 18209.1—2010［S］．北京：中国标准出版社，2011．

3. 中华人民共和国国家质量监督检验检疫总局，中国国家标准化管理委员会．施工升降机：GB/T 10054—2005［S］．北京：中国标准出版社，2005．

4. 中华人民共和国国家质量监督检验检疫总局，中国国家标准化管理委员会．吊笼有垂直导向的人货两用施工升降机：GB/T 26557—2011［S］．北京：中国标准出版社，2012．

5. 中华人民共和国国家质量监督检验检疫总局，中国国家标准化管理委员会．施工升降机安全使用规程：GB/T 34023—2017［S］．北京：中国标准出版社，2017．

6. 中华人民共和国国家质量监督检验检疫总局，中国国家标准化管理委员会．施工升降机用齿轮渐进式防坠安全器：GB/T 34025—2017［S］．北京：中国标准出版社，2017．

7. 中华人民共和国住房和城乡建设部．建筑机械使用安全技术规程：JGJ 33—2012［S］．北京：中国建筑工业出版社，2012.

8. 中华人民共和国住房和城乡建设部. 建筑施工安全检查标准：JGJ 59—2011 [S]. 北京：中国建筑工业出版社，2012.

9. 中华人民共和国住房和城乡建设部. 施工现场机械设备检查技术规程：JGJ 160—2016 [S]. 北京：中国建筑工业出版社，2017.

10. 中华人民共和国住房和城乡建设部. 建筑施工升降机安装、使用、拆卸安全技术规程：JGJ 215—2010 [S]. 北京：中国建筑工业出版社，2010.

11. 中华人民共和国住房和城乡建设部. 建筑施工升降设备设施检验标准：JGJ 305—2013 北京：中国建筑工业出版社，2014.

二、引用文献

1. 中华人民共和国住房和城乡建设部工程质量安全监管司. 施工升降机安装拆卸工 [M]. 北京：中国建筑工业出版社，2010.

2. 建筑施工特种作业人员安全技术培训教材编审委员会. 建筑施工特种作业人员安全技术培训教材/施工升降机安装拆卸工 [M]. 北京：中国建筑工业出版社，2018.